電気・電子系 教科書シリーズ　**5**

電気・電子計測工学（改訂版）

── 新SI対応 ──

博士（工学）　吉澤　昌純　編著

博士（医学）　降矢　典雄
博士（工学）　福田　恵子
博士（工学）　吉村　拓巳　共著
博士（工学）　髙﨑　和之
工 学 博 士　西山　明彦

コロナ社

刊行のことば

電気・電子・情報などの分野における技術の進歩の速さは，ここで改めて取り上げるまでもありません。極端な言い方をすれば，昨日まで研究・開発の途上にあったものが，今日は製品として市場に登場して広く使われるようになり，明日はそれが陳腐なものとして忘れ去られるというような状態です。このように目まぐるしく変化している社会に対して，そこで十分に活躍できるような卒業生を送り出さなければならない私たち教員にとって，在学中にどのようなことをどの程度まで理解させ，身に付けさせておくかは重要な問題です。

現在，各大学・高専・短大などでは，それぞれに工夫された独自のカリキュラムがあり，これに従って教育が行われています。このとき，一般には教科書が使われていますが，それぞれの科目を担当する教員が独自に教科書を選んだ場合には，科目相互間の連絡が必ずしも十分ではないために，貴重な時間に一部重複した内容が講義されたり，逆に必要な事項が漏れてしまったりすることも考えられます。このようなことを防いで効率的な教育を行うための一助として，広い視野に立って妥当と思われる教育内容を組織的に分割・配列して作られた教科書のシリーズを世に問うことは，出版社としての大切な仕事の一つであると思います。

この「電気・電子系 教科書シリーズ」も，以上のような考え方のもとに企画・編集されましたが，当然のことながら広大な電気・電子系の全分野を網羅するには至っていません。特に，全体として強電系統のものが少なくなっていますが，これはどこの大学・高専等でもそうであるように，カリキュラムの中で関連科目の占める割合が極端に少なくなっていることと，科目担当者すなわち執筆者が得にくくなっていることを反映しているものであり，これらの点については刊行後に諸先生方のご意見，ご提案をいただき，必要と思われる項目については，追加を検討するつもりでいます。

このシリーズの執筆者は，高専の先生方を中心としています。しかし，非常に初歩的なところから入って高度な技術を理解できるまでに教育することについて，長い経験を積まれた著者による，示唆に富む記述は，多様な学生を受け入れている現在の大学教育の現場にとっても有用な指針となり得るものと確信して，「電気・電子系 教科書シリーズ」として刊行することにいたしました。

これからの新しい時代の教科書として，高専はもとより，大学・短大においても，広くご活用いただけることを願っています。

1999年4月

編集委員長　高 橋 　　寛

ま え が き

人はなにかを感じて記録したり，なにかに利用するために言葉や絵，記号（文字，数値）を用いて表現したりしようと試みる。この行為が「はかる」の始まりである。

紀元前 500 年頃（ギリシャ時代），琥珀《こはく》は装飾品として使われていたが，当時の哲学者タ一レスは琥珀を摩擦すると塵《ちり》など軽いものを引き付ける現象に強く惹《ひ》かれ，琥珀を electrum（ギリシャ語で引くもの）と名付けた。また，BC10 世紀以前の中国や古代ギリシャ時代では，ある種の石（天然マグネタイト）に鉄を吸い付けるなどの性質があることを理解していたようで，漢代には占盤に使われていた。「はかる（計る・測る）」という行為は「他者との違いを認識（観察）することから始まる」と大きく捉えると，静電気や磁気の現象についての認識は，定量的な扱いとはいえないが，「測った」ことになる。科学史上はじめての定量的な扱いは，1600 年に発行されたイギリスの物理学者ウィリアム・ギルバート（William Gilbert）の電気，磁気に関する著書『磁石について』まで待つことになる。ギルバートは実験を行って，当時の電気，磁気に関する知識をまとめている。また，琥珀を帯電させて静電気の研究も行い，electrum から electricity（電気）という言葉をはじめてつくった。電子計測分野でのこうした歴史は脈々と引き継がれ，電子回路の進展にともなって高度化してきている。

そして現在，アナログとディジタルの相互変換器の高速化，低価格化に代表される電子技術およびセンサの発達に従い，多くの物理量が電気的に計測され，それをディジタル値として扱うように変わってきている。これは，計測が機械的より電気的なほうが高精度な割に構造が簡単で安価にできるようになってきたことに加え，電圧や電流のかたちで計測した物理量を用いてコンピュータにより対象物を制御したり，計測データをコンピュータ処理して必要な情報を得たりできるためである。また，CD，DVDやブルーレイディスクのように多くの情報を記録したメディアから，正確に情報を読み取ることも計測技術の一面である。このように，われわれの生活において，ディジタル化された多くの計測技術が用いられており，知らず知らずにこれらの恩恵にあずかっていることになる。したがって，現在の計測技術者には，指針形の電圧計や電流計の原理や取扱いなどの計測の基礎技術だけでなく，ディジタル化された計測システムを構築でき，計測された信号から必要な情報を抜き出す能力が求められる。

一方，企業で開発された計測機器，計測制御機器の信頼性を評価する，あるいは測定値を保証する必要がある。また，企業にて作製された製品の品質保証や製造ロットごとの品質管理のためのデータ取得には，さまざまな計測技術が用いられている。これらの際，計測機器の信頼性あるいは測定値の保証のために測定結果の評価が行われている。ところで，電圧計と電流計を用いた電圧降下法により抵抗の値を測定する場合，計器の内部抵抗の影響で，計器の接続によっては抵抗値に非常に大きな誤差が生じることがある。このため，抵抗値の大きさに応じて接続法を変える，あるいは内部抵抗を考慮して測定値を補正する必要がある。このように，計測手法が適切かどうかを検討するうえで，誤差による議論は非常に有効である。従来は測定結果の評価の際にも，その値がどの程度正しいのかを測定値がどれだけ真の値に近いかという誤差で評価してきた。しかし，誤差は真の値からのずれであるが，そもそも計測では真の値は求められず，求められるのは最確値にすぎない。測定値には偏りもばらつきも生じ，すべての偏りの要因が特定できるとは限らない。このため，統計的手法を用いて偏りもばらつきとして捉えるべきである。計測された値のまわりに真の値の候補が広がっているため，指定された区間にどの程度の確率で測定値が存在するか，信頼区間で表現すべきとの提案があり，トレーサビリティーを考慮した測定結果の質の保証を行う観点から「測定の不確かさ」の概念が測定結果の評価に導入された。近年，評価過程の透明性をはかり，計測機器や測定値の信頼性を保証するための評価表現が，誤差から不確かさへと大きく変化してきている。したがって，不確かさについての知識が，製品の品質保証や品質管理に不可欠となる。

このように，計測がコンピュータを中心としたディジタル計測に移行し，また，測定結果の評価表現が変化している現在，電気・電子計測技術を学ぶ際には，従来の範囲に加え，センサ，アナログとディジタルの相互変換，データのコンピュータへの取込み，信号処理や計測データの評価におよぶ全体像を見わたした考え方が必要となる。そこで本書では，不確かさを含む計測の基礎から，センサを用いたディジタル計測の基本，つまり，センサからのアナログ信号を，雑音をできるだけ少なく伝送し，ディジタル化してコンピュータに取り込み，そして計測データから情報を抽出する信号処理手法の一部までを記載した。これは，学びの際だけでなく，社会に出てからの実践的な場面でも，まずは本書を見て，そこから必要に応じてさらに詳細な情報を調べる手がかりを得られるように配慮したためである。

このため記載が多岐にわたっており，限られた時間数での計測の授業に使用する際は，必要に応じて章や節をとばしてほしい。そして，授業が終わっても，末永く手もとに置いて利用していただきたい。

また，本書は1章と4章を降矢が，2章と5章を吉村が，3章を福田が，6章を髙﨑が，7章～10章を吉澤が分担して執筆したため，文章表現に個性がある点はご容赦願いたい。なお，ここに，西山の草稿を受け，まえがきと1章の一部，ならびに付録が執筆されたことも加えて記したい。最後に，長きにわたり諦めずに粘り強く執筆を促してくださったコロナ社に感謝の意を表し，ここに筆を置きたい。

2016年5月

著　　者

改訂版にあたって

本書は 2016 年の初版から 7 年[†1]経過した。その間，2018 年に開催された第 26 回国際度量衡総会において，プランク定数にもとづいた質量の定義改定を含む，SI 基本単位の定義改定が審議・採択され，2019 年 5 月に改定された国際単位系（SI）が発効した[†2]。さらに 2022 年 11 月開催の第 27 回国際度量衡総会においては，SI 接頭語である，Q（クエタ），R（ロナ），r（ロント），q（クエクト）等の追加が決定され，1991 年以来，31 年ぶりに SI 接頭語の範囲が拡張することとなった[†3]。従来の計量計測 に SI 基本単位の定義改定がただちに影響を与えることはないが，決して変わらない物理定数を定義にすることで計量単位の長期的不変性が確保され，さらに，定義改定にもとづく新たな測定器が開発されることで，今後の計量計測分野の発展に寄与することが期待される。また，SI 接頭語の拡張も昨今のディジタル情報量の急激な増加に呼応している。本書改訂版では，このような状況を踏まえ改訂を行っている。

2023 年 3 月

著　　者

[†1] 初版第 4 刷（改訂版）発行時点。
[†2] SI 基本単位の改訂に伴い，初版第 2 刷（改訂版）を発行。
[†3] 初版第 4 刷（改訂版）にて，SI 接頭語を追加。

目　　　次

1.　計 測 と 測 定

2.　センサ

3.　電圧・電流・電力の測定

4.　回路素子定数の測定

5.　磁 気 量 の 測 定

6.　高 周 波 計 測

7.　雑 音 源 と 信 号

8.　信号の伝送と雑音対策

9.　ディジタル計測

10. 周波数解析と雑音処理

1

計 測 と 測 定

日常，あまり区別なく使われている「計測」と「測定」だが，つぎのような差異がある。そもそも計測の目的は，対象物から情報を抽出して，それを客観的に表示してあきらかにすることである。その目的を果たす一連の行為を総称して「計測」という。また，客観的に表示するには，情報を定量化する必要があり，基準となる量と比較して，数値化する操作を「測定」という。本章では計測と測定に関わる基本として，単位，計測の標準，測定法，測定値の扱い，そして測定結果の質の保証の観点から導入された概念である不確かさについて述べる。

1.1 SI 単 位

物理量を測定するには，基準となる量を定める単位が必要である。例えば，力学現象ではよく知られているように，長さ，質量，時間の三つの**基本単位**を設定すれば，ほかの単位はそれから導くことができる。このように，基本単位から組み立てられた単位を**組立単位**あるいは誘導単位と呼ぶ。また，基本単位と組立単位によって構成された単位の定義に関する体系を**単位系**という。

国際単位系（**SI**）は，上記の，長さ〔m〕，質量〔kg〕，時間〔s〕以外に，電流〔A〕，熱力学温度〔K〕，物質量〔mol〕，光度〔cd〕という四つの単位を加えた計七つの基本単位と，それらを補助する平面角〔rad〕，立体角〔sr〕の組合せで構成され，1960 年に国際基準となった。その後，1995 年の国際度量衡総会において，平面角〔rad〕，立体角〔sr〕が，SI 組立単位に分類されることになった。科学技術の発展とともに，時間〔s〕や長さ〔m〕の定義も基礎物理定数などにもとづいた普遍的な定義に変わった。2018 年の国際度量衡総会では，プランク定数，電気素量，ボルツマン定数，アボガドロ定数などの基礎物理定数をもとにした質量〔kg〕，電流〔A〕，熱力学温度〔K〕，物質量〔mol〕の定義改定などが審議・採択され，2019 年 5 月に改定された SI が発効された。SI 基本単位の定義を**表 *1.1*** に示す。そのほかにも，長さの単位を〔cm〕，質量の単位を〔g〕とする CGS 単位系の一つであるガウス単位系やヘビサイドローレンツ単位系などが存在する。

1.2　SI　接　頭　語

SI 単位の前に付けて，物理量の倍量，分量を表す記号を **SI 接頭語**（SI prefix）という（**表 *1.2***）。接頭語は同時に複数表記することはできない。例えば 10^{-6} m は 1 mmm と表記しないで，1 μm と書く。キログラム〔kg〕は SI 基本単位の中で唯一接頭語が付いており，グラム〔g〕はその質量の 1 000 分の 1 として定義されている。したがって，質量の単位の 10 の整数乗倍の名称は，g に接頭語を付けて構成する。例えば，μkg は複数表記なので，mg とする。

1.3　固有名称をもつ SI 組立単位

組立単位とは，物理関係式を用いて基本単位から組み立てられた単位をいう。もとより，SI 単位の重要な特徴は，すべての組立単位が基本単位の乗除だけで構成されることである。それゆえ，物理量の性質を次元解析により推測することもできる。

その一方で，例えば，SI 単位で正式な電圧の単位は $\mathrm{m^2 \cdot kg \cdot s^{-3} \cdot A^{-1}}$ となるが，記述が長くなり，電気的な量の記述にはいささか不便である。そこで，頻繁に使われる組立単位 22 個に対して**固有の名称をもつ単位**を使うことが許容されている。その代表例を**表 *1.3*** に示す。

電気に関わる基本単位はアンペア〔A〕である。それ以外の電気関係量は，すべて組立単位である。1 秒当りのエネルギー量を表す仕事率ワット〔W〕は，SI

表 1.1 SI 基本単位†

量	基本単位		定　義
	単位の名称	単位記号	
時間	秒	s	秒は時間の SI 単位であり，セシウム周波数 Δv_{Cs}，すなわち，セシウム 133 原子の摂動を受けない基底状態の超微細構造遷移周波数を単位 Hz（ヘルツ：s^{-1} に等しい）で表したときに，その数値を 9 192 631 770 と定めることによって定義される。
長さ	メートル	m	メートルは長さの SI 単位であり，真空中の光の速さ c を単位 ms^{-1} で表したときに，その数値を 299 792 458 と定めることによって定義される。ここで，秒は Δv_{Cs} によって定義される。
質量	キログラム	kg	キログラムは質量の SI 単位であり，プランク定数 h を単位 Js（ジュール秒：$\mathrm{kgm^2s^{-1}}$ に等しい）で表したときに，その数値を $6.626\,070\,15 \times 10^{-34}$ と定めることによって定義される。ここで，メートルおよび秒は，それぞれ c および Δv_{Cs} を用いて定義される。
電流	アンペア	A	アンペアは電流の SI 単位であり，電気素量 e を単位 C（クーロン：As に等しい）で表したときに，その数値を $1.602\,176\,634 \times 10^{-19}$ と定めることによって定義される。ここで，秒は Δv_{Cs} によって定義される。
熱力学温度	ケルビン	K	ケルビンは熱力学温度の SI 単位であり，ボルツマン定数 k を単位 $\mathrm{JK^{-1}}$（ジュール毎ケルビン：$\mathrm{kgm^2s^{-2}K^{-1}}$ に等しい）で表したときに，その数値を $1.380\,649 \times 10^{-23}$ と定めることによって定義される。ここで，キログラム，メートル，秒はそれぞれ h，c，Δv_{Cs} を用いて定義される。
物質量	モル	mol	モルは物質量の SI 単位であり，1 モルには，厳密に $6.022\,140\,76 \times 10^{23}$ の要素粒子が含まれる。この数は，アボガドロ定数 N_{A} を単位 mol^{-1} で表したときの数値であり，アボガドロ数と呼ばれる。
光度	カンデラ	cd	カンデラは所定の方向における光度の SI 単位であり，周波数 540×10^{12} Hz の単色放射の視感効果度 $\mathrm{K_{cd}}$ を単位 lm W^{-1}（ルーメン毎ワット：cd sr W^{-1} あるいは cd sr $\mathrm{kg^{-1}m^{-2}s^3}$ に等しい）で表したときに，その数値を 683 と定めることによって定義される。ここで，sr はステラジアン（立体角）を示し，キログラム，メートル，秒はそれぞれ，h，c，Δv_{Cs} によって定義される。

† ［東京くらし WEB］https://www.shouhiseikatu.metro.tokyo.jp/keiryo/policy/newkgdifinition190520.html（2019 年 10 月現在）

表 1.2　SI 単位に用いる接頭語

単位に乗じる倍数	接頭語		単位に乗じる倍数	接頭語	
	名 称	記 号		名 称	記 号
10^{30}	クエタ	Q	10^{-1}	デシ	d
10^{27}	ロナ	R	10^{-2}	センチ	c
10^{24}	ヨタ	Y	10^{-3}	ミリ	m
10^{21}	ゼタ	Z	10^{-6}	マイクロ	μ
10^{18}	エクサ	E	10^{-9}	ナノ	n
10^{15}	ペタ	P	10^{-12}	ピコ	p
10^{12}	テラ	T	10^{-15}	フェムト	f
10^{9}	ギガ	G	10^{-18}	アト	a
10^{6}	メガ	M	10^{-21}	ゼプト	z
10^{3}	キロ	k	10^{-24}	ヨクト	y
10^{2}	ヘクト	h	10^{-27}	ロント	r
10	デカ	da	10^{-30}	クエクト	q

表 1.3　固有の名称をもつ SI 組立単位の例

量	名 称	記 号	ほかの SI 単位による組立て	SI 基本単位による組立て
周波数	ヘルツ	Hz	—	s^{-1}
力	ニュートン	N	—	$m \cdot kg \cdot s^{-2}$
圧 力	パスカル	Pa	N/m^2	$m^{-1} \cdot kg \cdot s^{-2}$
エネルギー	ジュール	J	$N \cdot m$	$m^2 \cdot kg \cdot s^{-2}$
仕事率，電 力	ワット	W	J/s	$m^2 \cdot kg \cdot s^{-3}$
電 荷	クーロン	C	$A \cdot s$	$s \cdot A$
電 圧	ボルト	V	W/A	$m^2 \cdot kg \cdot s^{-3} \cdot A^{-1}$
静電容量	ファラド	F	C/V	$m^{-2} \cdot kg^{-1} \cdot s^4 \cdot A^2$
電気抵抗	オーム	Ω	V/A	$m^2 \cdot kg \cdot s^{-3} \cdot A^{-2}$
コンダクタンス	ジーメンス	S	A/V	$m^{-2} \cdot kg^{-1} \cdot s^3 \cdot A^2$
磁 束	ウェーバ	Wb	$V \cdot s$	$m^2 \cdot kg \cdot s^{-2} \cdot A^{-1}$
磁束密度	テスラ	T	Wb/m^2	$kg \cdot s^{-2} \cdot A^{-1}$
インダクタンス	ヘンリー	H	Wb/A	$m^2 \cdot kg \cdot s^{-2} \cdot A^{-2}$

基本単位表記では $m^2 \cdot kg \cdot s^{-3}$ である。仕事率の単位〔W〕から出発すると，電圧の単位ボルト〔V〕は，〔A〕と〔W〕で組み立てられ，オーム〔Ω〕，クーロン〔C〕，などが順次組み立てられることがわかる。

コーヒーブレイク

古くより，人類は計量単位を定めてきた。古代エジプトでは，王の肘の長さを示すキュービットという単位を用いていたとされている。オリジナルのキュービットが花崗岩に刻まれ，建設労働者には，それをもとにした木製のコピーが与えられたといわれている†。

計量標準は基準となる約束（定義）とその技術的実現（現示）により成り立っている。

キュービットの例では，王の肘の長さが定義であり，刻まれた花崗岩が現示された原器である。原器に狂いが生じれば，再び定義に従って現示する必要が出てくる。もしこのとき，もともとの定義に変動要因があれば，二度と同じ標準は実現できないことになる。普遍的な約束事を単位とすべきである。こうした精神からメートル法が生まれ，さらには国際単位系（SI）の体系化へと発展してきた。科学技術の進歩は原子レベルでの現象解明に貢献するとともに，現示法の精度を向上させてきた。その結果，「単位の定義から基礎物理定数を定める」から，「基礎物理定数から単位を定義する」へと方向性が変わっていった。秒は地球の自転にもとづいた定義 ⇒ 地球の公転にもとづいた定義 ⇒ セシウム原子の固有の周期にもとづいた定義へと，メートルは地球の子午線にもとづいた定義 ⇒ メートル原器にもとづいた定義 ⇒ 光の波長にもとづいた定義 ⇒ 光の速さにもとづいた定義へと変遷してきた。20 世紀後半には，基本単位のほとんどが基礎物理定数などによる普遍的な定義となった。質量については最後まで，定義と現示（国際キログラム原器）が一体であったが，SI 改定（2019 年施行）で，プランク定数を用いた定義に変わり，人工物である原器による定義はなくなった。

基本単位系の骨格となる基礎物理定数は

- プランク定数 $h = 6.626\,070\,15 \times 10^{-34}$ ジュール秒〔$\mathrm{J \cdot s}$〕
- 電気素量 $e = 1.602\,176\,634 \times 10^{-19}$ クーロン〔C〕
- ボルツマン定数 $k = 1.380\,649 \times 10^{-23}$ ジュール毎ケルビン〔$\mathrm{J \cdot K^{-1}}$〕
- アボガドロ定数 $N_{\mathrm{A}} = 6.022\,140\,76 \times 10^{23}$ 毎モル〔$\mathrm{mol^{-1}}$〕
- 基底状態のセシウム 133 原子の超微細構造の周波数 $\Delta\, v_{\mathrm{Cs}} = 9\,192\,631\,770$〔Hz〕
- 光速度 $c = 299\,792\,458$ メートル毎秒〔$\mathrm{m \cdot s^{-1}}$〕
- $540 \times 1\,012$ Hz の単色光の発光効率 $K_{\mathrm{cd}} = 683$ ルーメン毎ワット〔$\mathrm{lm \cdot W^{-1}}$〕

† 臼田　孝：新しい 1 キログラムの測り方—科学が進めば単位が変わる—，ブルーバックス B-2056，講談社 (2018)

である。

2019 年の改定に伴って再定義された SI 基本単位の各基礎物理定数と基本単位の関係，基本単位間の相互関係は下図のようにまとめられる。

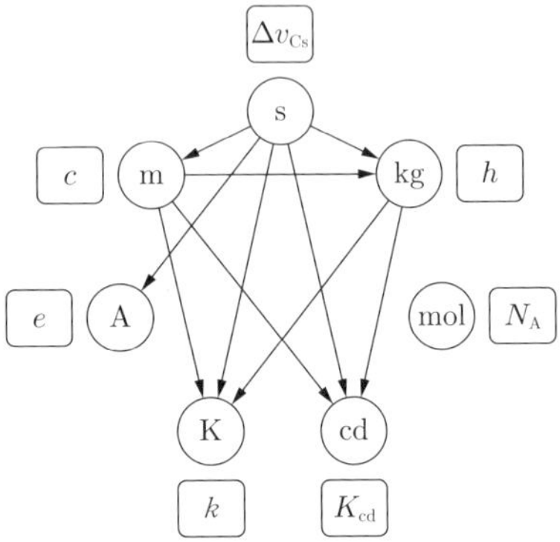

SI 基本 7 単位†

1.4 電 気 標 準

ほとんどの計測量は電気量に変換されるため，電気標準は計測における最も重要な標準の一つである。基準となる標準は可能な限り普遍的なものでなければならない。最新技術を用いた量子レベルでの物理現象が高精度で調べられ，電気標準の量子化も可能となった。ジョセフソン効果による直流電圧標準と量子ホール効果による直流抵抗標準は，多くの国で国家計量標準（一次標準）として採用されている。

1.4.1 ジョセフソン効果を用いた電圧標準

従来，直流電圧の標準には，ウェストン電池が使われていた。しかしその後，量子標準の時代となり，1977 年からはジョセフソン効果電圧標準装置が使用さ

† ［国立研究開発法人 産業技術総合研究所 計量標準センター］https://unit.aist.go.jp/nmij/library/SICE/（2019 年 10 月現在）

れている。

ジョセフソン効果（Josephson effect）とは，厚さ 2 nm 程度のきわめて薄い絶縁体の層を挟んで弱く結合した二つの超伝導体（ジョセフソン結合）の間に，絶縁層を通して電流が流れる現象で，超伝導金属間におけるトンネル効果の一つである（図 ***1.1***）。

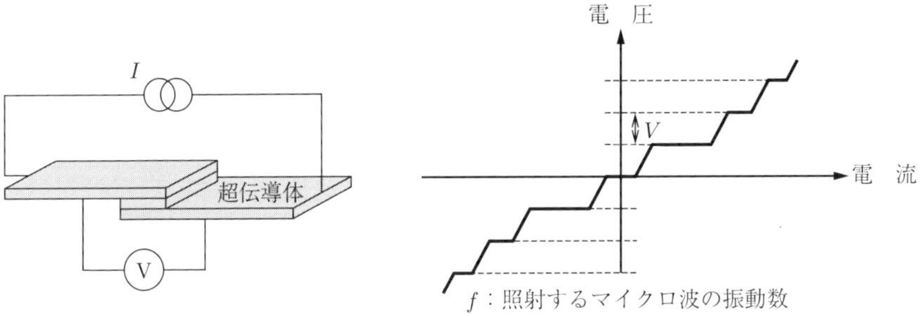

図 ***1.1***　ジョセフソン結合のシャピロステップ特性†

ジョセフソン素子に外部から周波数 f〔GHz〕のマイクロ波を照射すると，電圧電流特性がステップ状に変化（シャピロステップ）する。

ステップのときの電圧を V とすると

$$V = \frac{h}{2e}f \tag{1.1}$$

ただし，プランク定数 $h = 6.626\,075\,5 \times 10^{-34}$ Js，電気素量 $e = 1.602\,177\,33 \times 10^{-19}$ C である。

$K_f = 2e/h = 483\,597.9$ GHz/V はジョセフソン定数と呼ばれ，1990 年に協定値として定められ，電圧標準に使用されている。$f = 9$ GHz のとき，約 20 μV であるので，多数の素子を直列に接続するなどして 1 V の電圧基準を発生させている。図 ***1.2*** に産業技術研究所計測標準総合センターで用いている電圧標準素子を示す。

† ［ジョセフソン素子と電圧標準］http://www.ibe.kagoshima-u.ac.jp/edu/device/a10.html（2016 年 1 月現在）

図 ***1.2***　10 V ジョセフソン電圧標準素子（引用元：桐生昭吾「電気の基本単位と標準」電気学会誌）

1.4.2 量子ホール効果を利用した抵抗標準

半導体の異種接合界面などに形成される二次元電子系を 1 K 程度の極低温に冷却し，強磁場下で電流を流すと，ホール抵抗（R_H）= ホール電圧（V_H：電流と直角方向の電圧）/（電流）が階段状に量子化される。この現象を**量子ホール効果**（quantum hall effect）と呼ぶ。1980 年にフォン・クリティング（von Klitzing）らにより発見された。この現象は，Si-MOSFE や GaAs/AlGaAs ヘテロ接合素子において観測される。

量子化されたホール抵抗 R_H は次式で表せる。

$$R_H = \frac{V_H}{I} = \frac{h}{e^2 i} = \frac{R_k}{i} \qquad (i = 1, 2, 3 \cdots) \tag{1.2}$$

ここで，h はプランク定数，e は電気素量 $R_k = h/e^2$ はフォン・クリティング定数を表す。

図 *1.3* に，磁束密度とホール抵抗との関係を示す。1990 年 1 月より，世界の主要な標準研究所において，従来の標準抵抗に代えて量子ホール効果を使用しての抵抗標準の維持，供給がなされるようになっている。標準供給の際には，フォン・クリティング定数の 1990 年の協定値 RK-90 が用いられている。

$$R_k = 25\,812.807\,\Omega \tag{1.3}$$

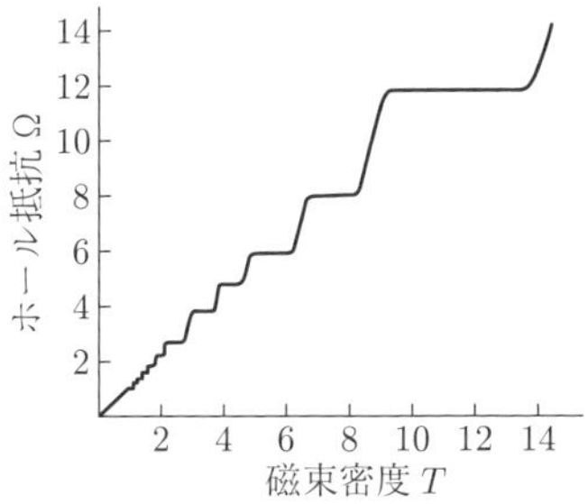

図 **1.3**　ホール抵抗値の磁束密度依存性（GaAs ヘテロ接合素子）（引用元：桐生昭吾「電気の基本単位と標準」電気学会誌）

図 **1.4**　量子化ホール抵抗校正装置（引用元：桐生昭吾「電気の基本単位と標準」電気学会誌）

図 **1.4** に量子化ホール抵抗校正装置の写真を紹介する。

1.4.3　量子電流標準

2019 年の改定まで 1 A は，「真空中に 1 m の間隔で平行に配置された無限に小さい円形断面積を有する無限に長い二本の直線状導体のそれぞれを流れ，これらの導体の長さ 1 m につき 2×10^{-7}（N：ニュートン）の力を及ぼし合う一定の電流である」と定義されていた。この定義は 1948 年の国際度量衡総会において採択されたもので，力学量と結び付けた定義である。定義環境を忠実に実現することは困難であり，この定義にもとづく電流標準は，現在では利用されていない。実質的な電気量の標準は，ともに基礎物理定数にもとづいた量子標準である電圧標準と抵抗標準を軸に形成されている。

2019年のSI基本単位の再定義では，電流〔A〕は電気素量 e（C：クーロン）と時間〔s〕を用いて定義されている。1秒間に1Aの電流により運ばれる電荷が1Cである。この定義を逆に見れば，電気素量により電流を定義できる。電気素量の逆数に等しい電子を1秒間に発生させれば，1Aの標準も可能である。このような観点から，単電子ポンプなどの研究が進められている。

1.5 校正とトレーサビリティー

すべての測定において，計測の標準を用意することは困難である。そこで，適切な機関において共通の標準をつくって，使用する計測器の指示と標準を関係付ける操作が行われる。それにもとづいて，標準により定期的に計測器の指示値を修正する。こうした修正のことを**校正**（calibration）という。

標準には**図 1.5**（*a*）に示すような階層がある。最上位の国家計量標準は国際標準でもあり，一次標準という。国内のすべての計測器を一つの標準で校正するのは不可能である。そこで，国立研究開発法人産業技術総合研究所では，指定された特定標準器，日本電気計器検定所では，特定副標準器を用いて校正を行っている。認定を受けた機関が備える標準器を常用参照標準器という。計測の現場で使用する一般計測機器は，直接的には常用参照標準器で校正されている。図（*b*）に直流におけるトレーサビリティ体系を示す。

トレーサビリティー（traceability）の語源はtrace（追跡）とability（能力）である。測定値の標準をたどっていくと国家計量標準（国際標準）につながるということである。定義では，「“**測定の不確かさ**”に寄与し，文書化した，切れ目のない校正の連鎖を通じて，計量標準に結び付けることができる測定結果の性質」とされている。“測定の不確かさ”という概念を導入し，測定結果の質の表現方法を統一したうえで，測定値がどのくらい信頼できるのかを保証している。

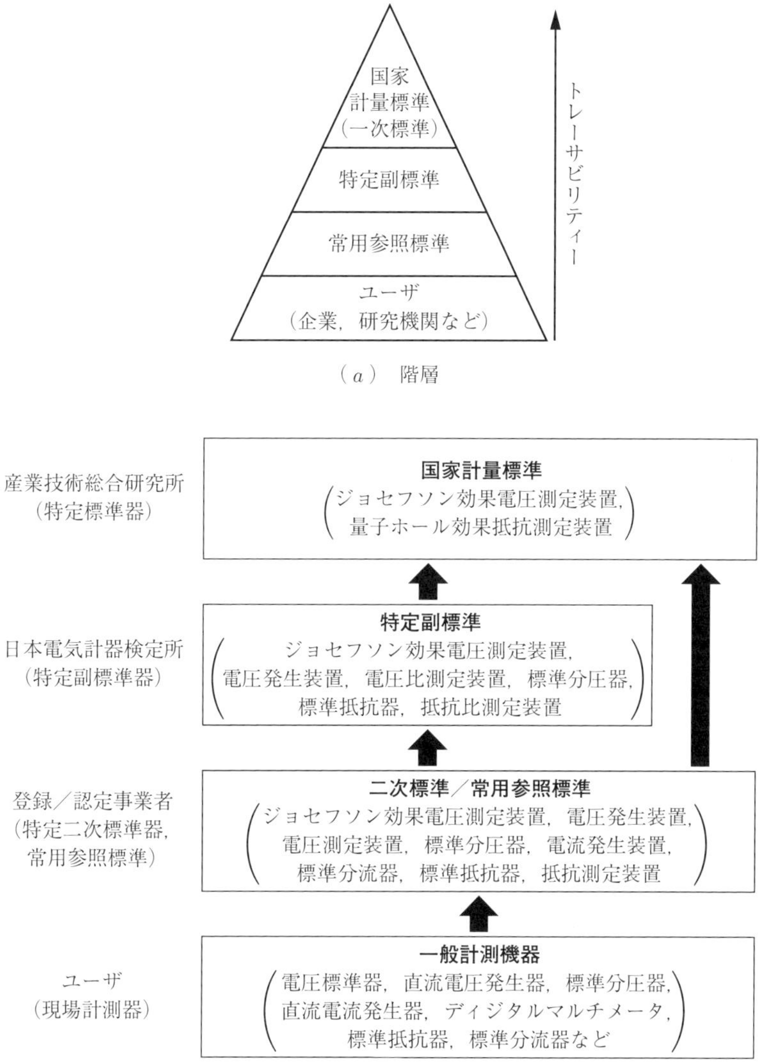

（a）　階層

（b）　電気量（直流）の体系

図 **1.5**　トレーサビリティー†

† ［JCSS トレーサビリティ体系：直流の例］https://www.nite.go.jp/data/000001149.pdf（2019 年 10 月現在）

1.6 測定法の分類

測定法はさまざまな観点で分類される。

- 直接測定と間接測定
- 絶対測定と比較測定
- 受動的測定と能動的測定
- 偏位法と零位法

などである。

1.6.1 直接測定と間接測定

なにかを測ろうとするとき，なにを基準として測るかによって，直接測定法と間接測定法に分類される。図 **1.6** の回路を例に説明する。

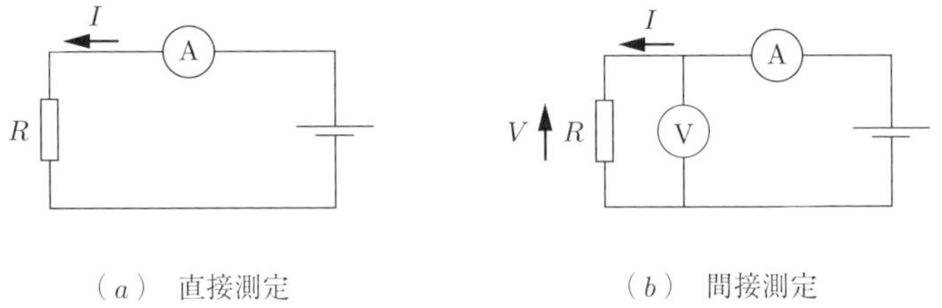

図 **1.6** 測定方式

〔**1**〕 **直接測定法** (direct measurement method)　被測定量とその基準量とを，計測器によって直接比較して測定結果を得る測定法である。図 **1.6**（a）でいえば，被測定電流 I と電流計Ⓐがこれにあたる。

〔**2**〕 **間接測定法** (indirect measurement method)　いくつかの量を直接測定した結果から，計算によって最終的な測定結果を得る測定法が間接測定法である。図 **1.6**（b）でいえば，抵抗 R を流れる電流 I を電流計Ⓐで，R での電圧降下 V を電圧計Ⓥで，それぞれ直接測定して，オームの法則に従い，抵抗 R を算出し，抵抗値を測定するのがこれに相当する。

1.6.2 絶対測定と比較測定

〔*1*〕 **絶対測定**（absolute measurement） 長さや質量，時間（周波数の逆数）など，SI 単位の基本単位の定義に従って測る測定法を絶対測定と呼ぶ。

〔*2*〕 **比較測定**（relative measurement） 比較測定は同種の物理量と比較して測定する方法で，電子計測でいえば，電気量どうしを比較する測定法である。後述の零位法も比較測定に分類される。

SI 基本単位の再定義に伴い，電流の基本単位である〔A〕の定義にもとづく電流の絶対測定は，目下のところ研究状態となっている。代わって，量子標準である電圧と抵抗を基本電気量，その他の電気量を組立て量とする体系化が行われている。この体系に従って比較測定の基準電気量がつくられている。

1.6.3 受動的測定と能動的測定

測定の際には必ずエネルギーのやりとりが存在する。測定に必要なエネルギーがすべて，測定対象から計測器に供給される形式の測定を**受動的測定**（passive measurement）といい，逆に計測器から測定対象にエネルギーが供給される形式の測定を**能動的測定**（active measurement）という。超音波を対象物に与えて，反射波から距離を測定するなどが，能動的測定の一例である。

1.6.4 偏位法と零位法

測定の基本的な方法には，偏位法と零位法がある。両者の大きな違いは，計測においてフィードバック過程が含まれるか否かである。

〔*1*〕 **偏位法**（deflection method） 偏位法とは，被測定量に対して法則によって関係付けられる量を指示する計測器を用いる測定法である。例えば可動コイル形計器（図 **1.7**）のように，ばねに加わる力（電流，電圧に比例）とばねの変形量とが比例することを利用した測定も偏位法による測定法である。ばねの変形量から電流あるいは電圧を直読している。

〔*2*〕 **零位法**（null method） 被測定量を可変な基準量と平衡させて測定する方法を零位法と呼ぶ。図 **1.8** に示すように，被測定電圧は基準電圧を可変

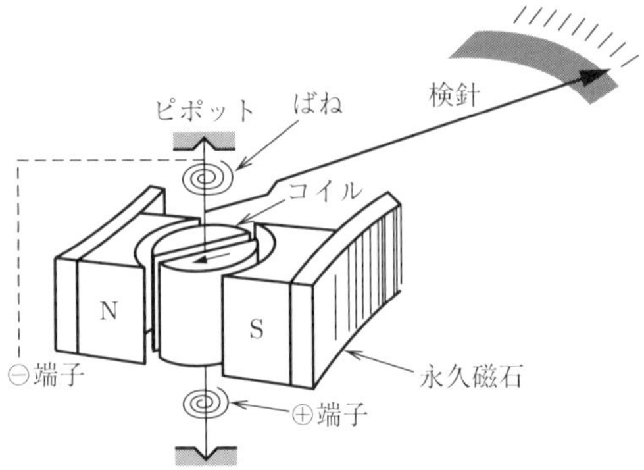

図 ***1.7***　偏位法による測定法（可動コイル形計器）

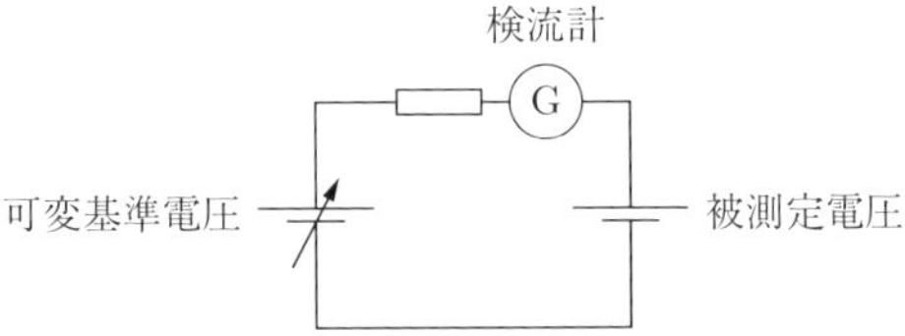

図 ***1.8***　零位法による電圧測定

させて検流計の振れが 0（平衡状態）となるまで操作を行い，平衡状態となったときの基準電圧値から測定値を求める測定法である。

この場合，検流計の感度がよいほど測定値の精度は高い。さらに零位法では，測定量と基準量との差を調べ，繰り返し調整して平衡をつくり出すことになるので，計測にフィードバック過程が含まれる。

〔***3***〕 **補償法**（compensation method）　基準とする量の大きさを変えて平衡に近い状態をつくり，完全な平衡状態からのずれを偏位法によって測定する補償法も存在する。これは偏位法と零位法の中間に位置している。

1.7　測定値の扱い

正確さを追求するために測定手法を工夫し，精密さを追求するために反復測定が行われる。ここでは，こうした行為がなにを根拠にしているか解説する。

1.7.1 母集団と標本

あるデータの集団（**母集団**：population）から抽出されたデータの集団を**標本**（sample）と呼ぶ。**母平均**（population mean）とは，母集団の平均のことで，母集団から標本を無限に抽出した際の標本の平均ともいえる（図 **1.9**）。同一条件のもとでランダムに求められる有限個数の測定値の集まりを測定値の試料（sample of measured）といい，その算術平均を**標本平均**（sample mean）と呼ぶ。

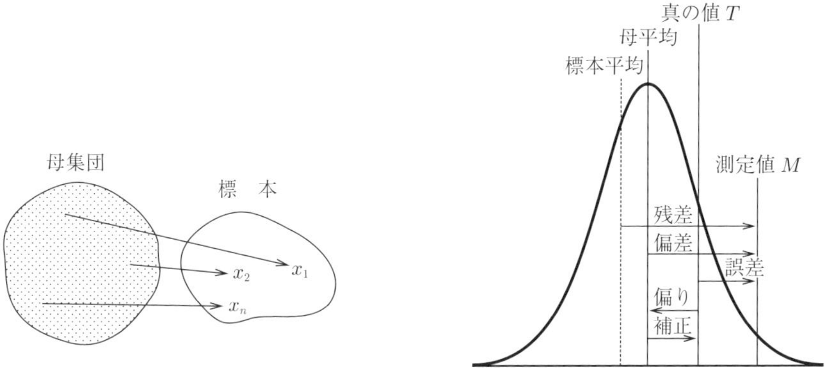

（a）　母集団と標本　　（b）　測定値と誤差

図 **1.9**　母集団と測定値

1.7.2 誤差の定義

真の値（true value）は観念的な値で実際には求められないが，測定において真の値は必ず存在すると仮定しよう。

測定値 M と真の値 T との差を**誤差**（error）と呼び，これは

$$\varepsilon = M - T \tag{1.4}$$

と定義され，**絶対誤差**（absolute error）とも呼ばれる。

なお，$\alpha = -\varepsilon$ と置くと，$M + \alpha = T$ となるので，α を**補正**（correction），また，ε_r を**誤差率**または**相対誤差**（relative error）と呼ぶ。

$$\varepsilon_r = \frac{\varepsilon}{T} \simeq \frac{\varepsilon}{M} \tag{1.5}$$

通常は，誤差が少ないとして真の値の代わりに測定値で割る。誤差の大きさを考える際には，ε や ε_r に絶対値を付けて用いられる。

統計学では中心極限定理と呼ばれる性質であるが，同じ量に対して，同じ測定を同じ条件下で多数回繰り返すと，その結果は図 **1.9**（b）のような分布（正規分布：normal distribution）となる。そして，偏り，偏差，残差はつぎの式で定義される。

偏り（bias）＝母平均－真の値　　(1.6)

偏差（deviation）＝母平均－測定値　　(1.7)

残差（residual）＝測定値－標本平均　　(1.8)

1.7.3　偶然誤差と系統誤差

測定誤差は，その原因によりつぎの 3 種類に大別される。

〔**1**〕　**系統誤差**（systematic error）　　測定結果に偏りを与える原因が特定できる誤差で，下記の 3 種類に分別される。誤差の発生機構がわかっているので，ある程度補正が可能な誤差である。

① 機器誤差（instrumental error）：経年変化，ばねやねじのような機械素子，抵抗や IC などの回路素子のもつ固有の誤差。

② 理論誤差（theoretical error）：測定原理に起因する誤差。理論的な補正が可能。

③ 個人誤差（personal error）：測定者固有の癖に起因する誤差。

いずれも規則性があるので，逆の偏りを与えて校正（補正）する。

〔**2**〕　**偶然誤差**（random error）　　突き止められない原因によって生じる誤差で，測定値の**ばらつき**（dispersion）となって現れる。誤差の軽減には確率統計的手法が用いられる。偶然誤差の一般的性質を示すものに，つぎの「誤差の 3 公理」がある。

① 小さい誤差の起こる確率は大きい誤差の起こる確率よりも大きい。

② 一定の大きさをもつ正負の誤差の起こる確率は等しい。

③ 非常に大きい誤差の起こる確率はきわめて小さい。

〔***3***〕 **過失誤差**（error by mistake）　計測機器の誤操作や数値の読取りミスなどによって生じる誤差であるので，補正は不可能である。

1.7.4 正確さと精密さ

- **正確さ**（trueness）：偏りの小ささの程度をいう。この定義によると，**図 *1.10*** では図（*a*）のほうが正確であるといえ，系統誤差が小さいと考えられる。

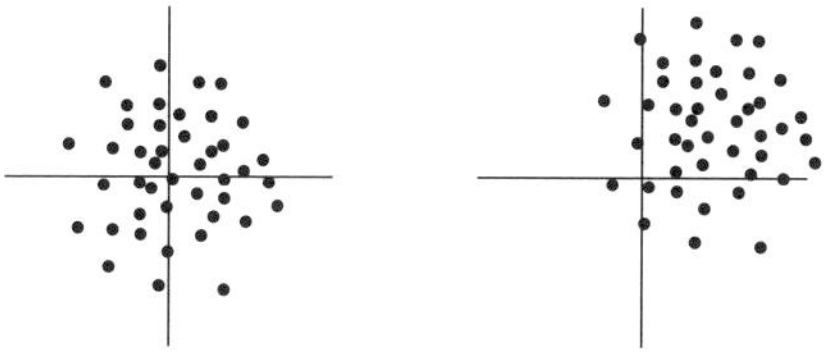

（*a*）偏り：小　　（*b*）偏り：大

図 ***1.10***　偏りと正確さ

- **精密さ**（precision）：ばらつきの小ささの程度をいう。この定義によると，**図 *1.11*** では図（*a*）のほうが精密であるといえ，偶然誤差が小さいと考えられる。

そのほか，測定の質の表現としては，分解能，精度，不確かさなどが用いられる。

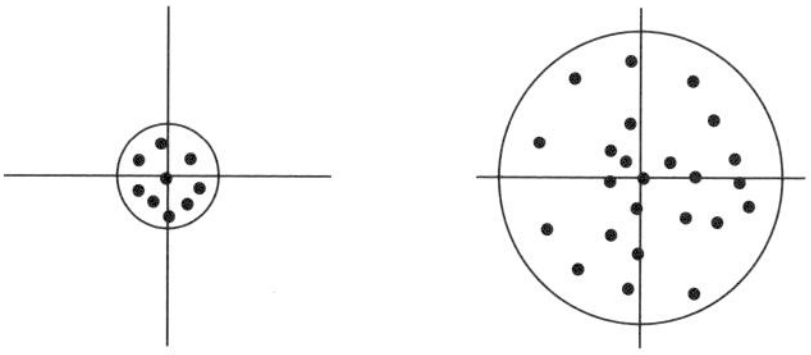

（*a*）ばらつき：小　　（*b*）ばらつき：大

図 ***1.11***　ばらつきと精密さ

- **分解能**（resolution）：区別することが可能な測定量の最小差である。
- **精度**（accuracy）：測定がどの程度正確であるかの表現で，正確さと精密さの一方または両方を指すと考えてよい。
- **不確かさ**（uncertainty）：その定義は後述（**1.8** 節）するが，測定値に含まれるすべての誤差を総合した値の限界値を推定し，それを値で示したものである。

1.7.5 統 計 処 理

偏りは系統誤差となる原因を突き止めて補正をすることで小さくできる。偶然誤差を減少させるには，複数回測定を繰り返し行い，**最確値**（most probable value）として平均値を求める。

この操作によって N 個の測定値 y_i（$i = 1, 2, \cdots, N$）が得られたとする。**標本平均値**（sample mean）$\bar{y}_N$ は

$$\bar{y}_N = \frac{1}{N}\sum_{i=1}^{N} y_i \tag{1.9}$$

であり，N 個の測定値のばらつきを表す**標本標準偏差**（sample standard deviation）σ_N は

$$\sigma_N = \sqrt{\frac{1}{N}\sum_{i=1}^{N}(y_i - \bar{y}_N)^2} \tag{1.10}$$

であり，**標本の分散**は ${\sigma_N}^2$ である。N 個の測定値は母集団から抽出された標本である。母集団は無限個で構成されていることになる。測定量を y とすれば，測定値が y と微小量 dy だけ離れた $y + dy$ との間に入る確率を，**確率密度関数**（probability density function）$p(y)$ を使って表せば，$p(y)dy$ となる。

母平均 μ および母集団の標準偏差（**母標準偏差**：population standard deviation）σ は，それぞれ

$$\mu = \int_{-\infty}^{\infty} yp(y)dy \tag{1.11}$$

$$\sigma = \sqrt{\int_{-\infty}^{\infty} (y-\mu)^2 p(y) dy} \tag{1.12}$$

で求められる。当然，N が無限大であるとするなら，$\bar{y}_N$ と μ，σ_N と σ はそれぞれ一致する。N が有限である場合に，母標準偏差 σ を推定するには，式 (1.13) が用いられる。

$$\sigma = \sqrt{\frac{1}{N-1} \sum_{i=1}^{N} (y_i - \bar{y}_N)^2} \tag{1.13}$$

さらに，統計学によれば，N 回を 1 セットとして，十分多数のセットを繰り返すとすると，N 個の標本平均値 $\bar{y}_N$ のばらつきを示す標準偏差（standard deviation of sample mean）σ_M は，式 (1.14) となることが知られている。

$$\sigma_M = \frac{\sigma}{\sqrt{N}} \tag{1.14}$$

ここで，N 回の測定によって得られた測定値の平均値のばらつきは，個々の測定値のばらつきの $1/\sqrt{N}$ になることを明記しておく。

同じ量を繰り返し測定する際の確率密度関数は，前述のように，正規分布することが知られている（図 **1.12**）。

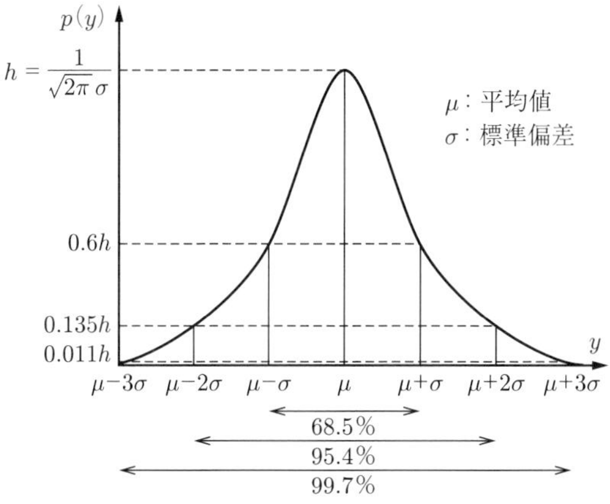

図 **1.12**　正規分布関数

$$p(y) = \frac{1}{\sqrt{2\pi}\,\sigma} \exp\left\{-\frac{(y-\mu)^2}{2\sigma^2}\right\} \tag{1.15}$$

$p(y)$ の $-\infty \sim +\infty$ にわたる積分値は 1 で，100%である。そして

$\mu \pm \sigma$ の間に測定値が入る確率は 68.5%

$\mu \pm 2\sigma$ の間に測定値が入る確率は 95.4%

$\mu \pm 3\sigma$ の間に測定値が入る確率は 99.7%

となることが知られている。

1.7.6 間接測定における誤差の伝搬

間接測定によって測定値 y を N 個の直接測定される測定値 $(x_1, x_2, \cdots, x_N)$ から求める場合，個々の測定値誤差が伝搬する（**誤差の伝搬**：propagation measurement error）。

$$y = f(x_1, x_2, \cdots, x_N) \tag{1.16}$$

x_i が微小量 Δx_i だけずれると，y は Δy のずれを生じ，式 (1.17) で表される。

$$\Delta y = \sum_{i=1}^{N} \frac{\partial f}{\partial x_i} \Delta x_i \tag{1.17}$$

系統誤差に関して，式 (1.17) を用いて，測定結果を補正することもできる。

$|\Delta x_i|$，$|\Delta y|$ を誤差の大きさとし，その最大値を ε_i，ε_y とすれば

$$\varepsilon_y = \sum_{i=1}^{N} \left\{ \left| \frac{\partial f}{\partial x_i} \right| \varepsilon_i \right\} \tag{1.18}$$

で表せる。ε_y は誤差が伝搬して現れる最大の誤差の大きさを示している。

コーヒーブレイク

誤差の伝搬例

A の重さ a，B の重さ b を直接測定し，その結果から両者の差 α を間接測定する場合を考えてみよう。

$$\alpha = f(a,b) = a - b$$

相対誤差の大きさで伝搬の影響を調べると

$$\left|\frac{\varepsilon_\alpha}{\alpha}\right| = \left|\frac{1}{a-b}\varepsilon_a\right| + \left|\frac{1}{a-b}\varepsilon_b\right|$$

となる。ここで ε_a，ε_b は A および B の誤差の最大値，ε_α は α の誤差の最大値を示している。A および B の誤差の大きさを小さくするよう努めても，A の重さと B の重さが近ければ，α は非常に大きな相対誤差をもつ可能性がある。したがって，この間接測定はあまり望ましくない。このような場合は，天秤ばかりの両側に A と B を置き，分銅を追加してつり合いがとれるまで繰り返すなどの方法がよいと考えられる。

ここまでの議論は，系統誤差のように誤差の上限（最大値）がわかる場合はこのままでよいが，偶然誤差については誤差が確率的に分布するので，少し不合理である。むしろ，標準偏差で表現したほうがよい。σ_y を y の標準偏差，σ_i を x_i の標準偏差とすると

$$\sigma_y = \sqrt{\sum_{i=1}^{N}\left(\frac{\partial f}{\partial x_i}\sigma_i\right)^2} \tag{1.19}$$

となる。この関係は**誤差伝搬の法則**（law of error propagation）と呼ばれる。

σ_i がすべて偶然誤差に起因するなら，σ_y は偶然誤差による。x_i が系統誤差を有するなら，σ_i は，系統誤差に関する平均値と確率密度関数がわかれば，式 (1.12) より算出できる。

1.7.7 測定値間の関係

二つの量（x と y）を N 回測定して，x と y の関係を論じたい場合がある。測定値 (x_1, y_1)，$(x_2, y_2), \cdots, (x_N, y_N)$ が得られたとき，その結果を xy 平面で描いたものを**散布図**（scatter plot）という（図 **1.13**）。x と y の間（直線関係）にどのくらいの関係が存在するか示す数として，**相関係数**（correlation coefficient）γ が用いられる。

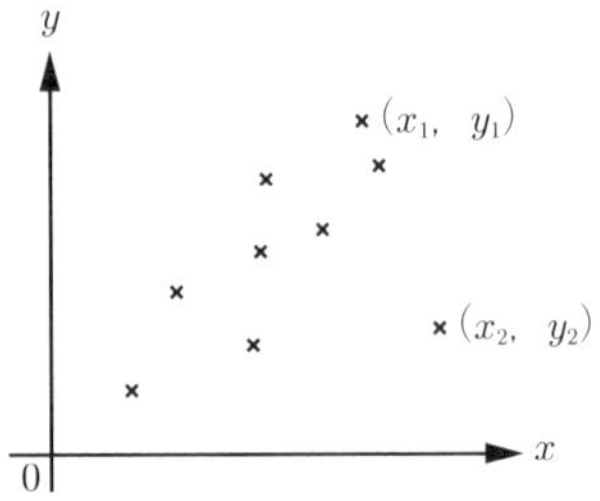

図 **1.13**　散布図

$$\gamma = \frac{\displaystyle\sum_{i=1}^{N}(x_i - \bar{x})(y_i - \bar{y})}{\sqrt{\displaystyle\sum_{i=1}^{N}(x_i - \bar{x})^2}\sqrt{\displaystyle\sum_{i=1}^{N}(y_i - \bar{y})^2}} \tag{1.20}$$

γ は $-1 \leqq \gamma \leqq 1$ の間の値となる。γ の絶対値が大きく 1 に近いほど相関が高く，x と y に強い関係があることを示している。

図 1.14 に示すように，その関係を例えば x を説明変数，y を目的変数と捉えて考えてみる（y を x と関係付ける）。

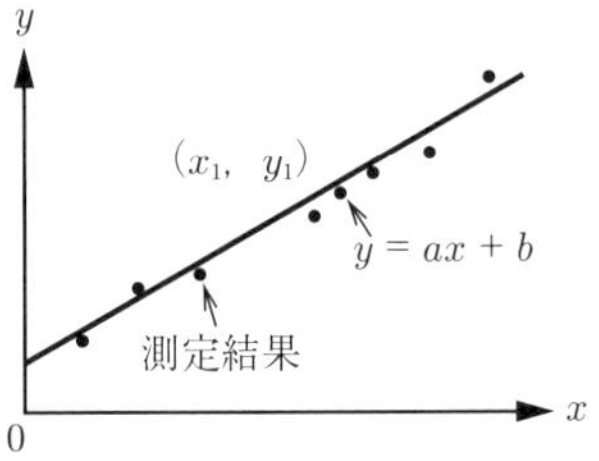

図 **1.14**　回帰直線

あてはめる直線の推定式を $y = ax + b$ とすれば，任意の測定点 (x_i, y_i) と直線 $y = ax + b$ との隔たり ε_i は

$$\varepsilon_i = y_i - (ax_i + b) \tag{1.21}$$

で表せる。ε_i は正負の符号をもつので，ε_i の二乗値の総和 S を最小にする a, b を見出せば，推定式はすべての測定点の最も近くを通ることになる。これを**最小二乗法**（least squares method）と呼ぶ。

$$S = \sum_{i=1}^{N}(y_i - (ax_i + b))^2 \tag{1.22}$$

$$\frac{\partial S}{\partial a} = 0, \quad \frac{\partial S}{\partial b} = 0 \tag{1.23}$$

式 (1.23) を満足する a，b は，以下のように求められる。

$$a = \frac{\displaystyle\sum_{i=1}^{N} x_i y_i - \frac{1}{N}\sum_{i=1}^{N} x_i \sum_{i=1}^{N} y_i}{\displaystyle\sum_{i=1}^{N} x_i^2 - \frac{1}{N}\left(\sum_{i=1}^{N} x_i\right)^2}$$

$$b = \frac{1}{N}\left(\sum_{i=1}^{N} y_i - a\sum_{i=1}^{N} x_i\right) \tag{1.24}$$

このように，あてはめる曲線が一次式の場合は**直線回帰**（linear regression）と呼ばれている。

コーヒーブレイク

数字の表示と四捨五入について

＜有効数字＞

どのように注意深く測定したとしても，得られた測定値のある桁以下は信用できない。むやみに数字を並べても意味がない。有効数字とは，誤差を含みながらも，測定値として意味をもつ桁数だけ表示したものである。そして，測定結果などを表す数字のうちで位取りを示すだけの 0 を除いた意味のある数字である。

例えば，ある長さを最小目盛 1 mm のものさしで測り，最小目盛の 10 分の 1 まで読み，測定値を 32.5 mm と記述すると，1 mm 以下の桁は目分量であることを示し，末位の「5」には誤差を含んでいることを示している。この場合，有効桁数は 3 桁となる。

＜数値の丸め方＞

測定値の処理を行うとき，一般には四捨五入で端数処理（丸め）を行うが，これも偏りの原因になる。四捨五入で切り捨てとなるのは，4，3，2，1，切り上げになるのは 5，6，7，8，9 である。

そこで，切り捨てと切り上げの割合を均等にするため，丸め方についてつぎのように規定されている。数値の丸めを小数第 n 位に丸めようとするとき

条件 1　小数第 $(n+1)$ 位の数字が 5 以外のときは，四捨五入をする。

条件 2　小数第 $(n+1)$ 位の数字が 5 のときは，小数第 $(n+2)$ 位以下の数値があきらかに 0 でなければ四捨五入により切り上げる。

条件 3　小数第 $(n+1)$ 位の数字が 5 で，小数第 $(n+2)$ 位以下の数値が不明か 0 であるときは

① 小数第 n 位が偶数のときは切り捨てる。

② 小数第 n 位が奇数のときは切り上げる。

この端数の処理方法は四捨五入と比べて，丸めと演算を交互に何度も繰り返したときの誤差の蓄積が小さいという利点があり，浮動小数演算などで利用される。

1.8　測定値の保証と計測の信頼性

系統誤差を調べ“正確さ”を追求し，偶然誤差の軽減をはかり“精密さ”を追求することは，測定対象から情報を検出するためのシステムや測定法を検討するうえで，非常に有用である。

従来，測定結果の評価に関しては，その値がどの程度正しいか（どの程度の精度なのか）を，測定値がとれだけ真の値に近いのかで評価してきた。

しかし

- そもそも，真の値は求められない。求められるのは最確値である。誤差は真の値を前提にしている。
- すべての偏りの要因を特定し，すべての値を補正するのは難しい。特定できない未知の偏りが存在する可能性もある。

などといったことから，偏りについてもばらつきとして捉えるべきである。

そこで，「推定した値のまわりに真の値の候補が広がっている。指定された区間にどの程度の確率で測定値が存在するか，信頼区間で表現すべきである」などといった意見が提案され，トレーサビリティーを考慮した測定結果の質の保証を行う観点から，図 **1.15** に示すような「測定の不確かさ」の概念が導入された（**GUM**：計測における不確かさの表現ガイド）。

不確かさ(精度)評価の概念
* JIS Z 8103「計測用語」による(本文の説明はこの用語に準じる)
** JIS Z 8402「分析・試験の許容差通則」による

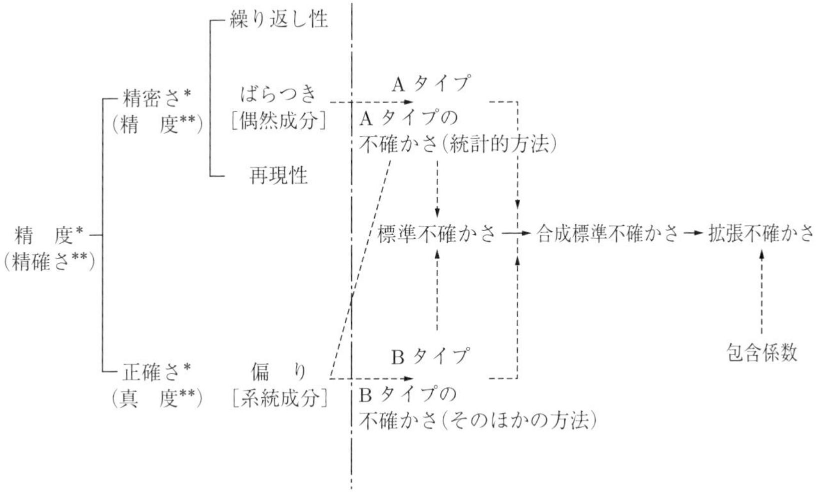

(*a*) 従来の精度評価の概念 (*b*) 新しい不確かさ評価の概念

図 ***1.15*** 精度による評価と不確かさによる評価の対比
(引用元:山崎弘郎『電気電子計測の基礎』電気学会)

1.8.1 不確かさの評価

不確かさ評価の流れを図 ***1.16*** に示す。

(1) 測定プロセスの明確化:測定方法,標準器,測定手順,測定環境などを明確にしておく。

(2) 関数モデルの構築:測定結果に影響を与える要因(測定量や測定器の特性,関数モデルの特性,温度や湿度,気圧などの測定環境,測定者の癖など)を抽出し測定結果を算出するための関数モデルを構築する。

(3) 不確かさ成分の評価:タイプA,タイプBに分類して,不確かさを標準偏差の形で評価する(***1.8.2*** 項および ***1.8.3*** 項参照)。

(4) 合成標準不確かさ:各項目の不確かさを合成する。

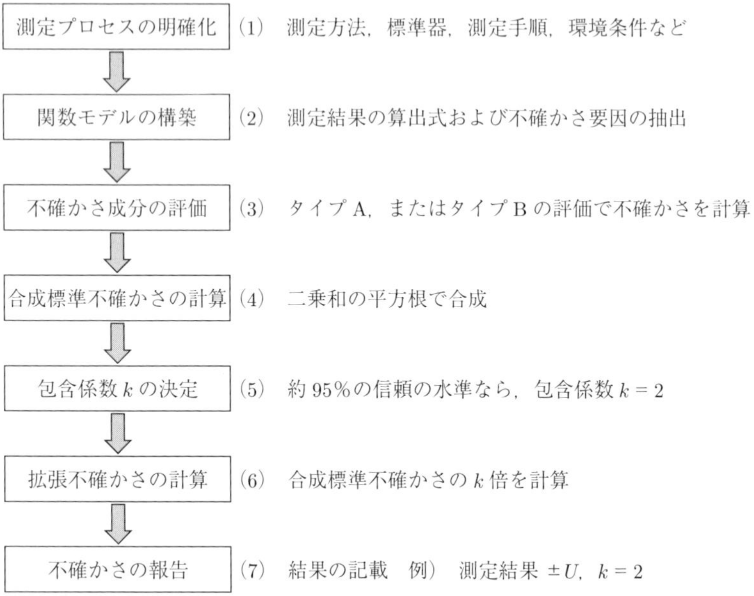

図 ***1.16*** 不確かさ評価の流れ

(5) 包含係数の決定：信頼の水準を選択する。約95%の信頼で表現するなら，包含係数 $k = 2$ とする。

(6) 拡張不確かさ U の計算：測定値の存在する区間を表現する尺度として，拡張不確かさを用いる。

(7) 不確かさの報告：拡張不確かさ U を用いて，測定結果 $\pm U$ などと表示する。

1.8.2 タイプAの評価法

タイプAの評価法とは，統計的手法を用いてばらつきを算出する方法である。**標準不確かさ**をかりに u_A と記載すると，u_A は N 回測定したときの平均値の実験標準偏差に相当する。測定値を x_i $(i = 1, 2, \cdots, N)$ で示し，その平均値を $\bar{x}$，実験標準偏差を $s(x)$ とすれば

$$s(x) = \sqrt{\frac{1}{N-1}\sum_{i=1}^{N}(x_i - \bar{x})^2} \tag{1.25}$$

$$u_A = \frac{s(x)}{\sqrt{N}} \tag{1.26}$$

1.8.3 タイプ B の評価法

タイプ B の評価法とは，繰り返し計測から求められない不確かさを，入手した情報や予測される要因にもとづいて，適切な確率密度分布を仮定し，ばらつきの度合いとして推定する方法である。なぜタイプ B の不確かさ評価が必要なのか例を挙げて示そう。

- 標準器の校正の不確かさ：使用している標準器の校正の不確かさ評価まで行わなくてはならない？
- 再現することが難しい不確かさ：実験室の温度変化で，ばらつきが生じるなら，実験室の温度を 1 年中測り続けなければならない？
- そもそも測定できない不確かさ：使用している温度計は ±0.5℃ でしかわからない。その測れなかった ±0.5℃ の間の温度のばらつきの評価は？

要因が特定でき，定量的に補正できる不確かさについては，測定値を補正するのは当然であるが，例示した不確かさは実際には「特定できない偏り」であり，適切な確率密度分布を仮定してばらつきを評価せざるを得ない。

仮定で用いられる代表的な確率密度分布を**表 1.4** に示す。

- 矩形分布：最も使われる分布。限界値などに適用。
- 三角分布：中心が多く，端にいくにつれ小さくなる分布。

表 1.4 代表的な確率密度分布

矩形分布	三角分布	U 字分布	正規分布
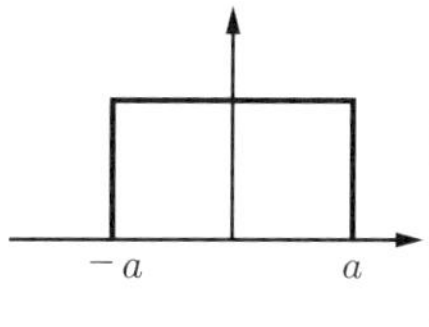	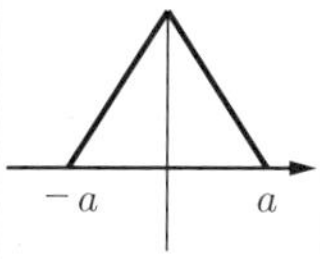	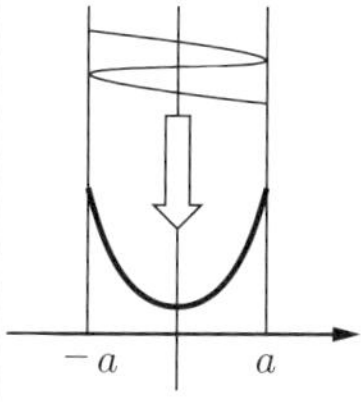	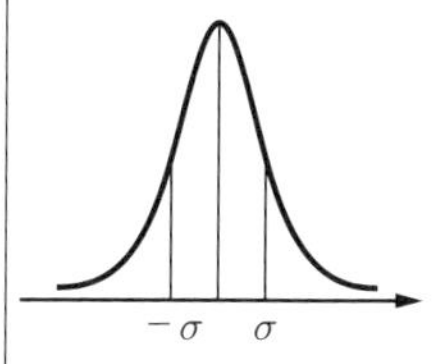
$\dfrac{a}{\sqrt{3}}$	$\dfrac{a}{\sqrt{6}}$	$\dfrac{a}{\sqrt{2}}$	$\dfrac{U}{2}$

- U 字分布：周期的に変化する要因に対して適用される分布。
- 正規分布：校正証明書などで不確かさがわかっているときに適用する分布。

表 1.4 の下欄の表記は，それぞれの分布におけるタイプ B の**標準不確かさ**を示している。矩形分布（方形分布ともいう），三角分布，U 字分布の場合は標準偏差で標準不確かさを表し，正規分布の場合は約 95%の信頼水準の条件下で，拡張不確かさ U の 2 分の 1 を標準不確かさとして表している。

コーヒーブレイク

標準不確かさの求め方

表 1.4 の確率密度分布（$p(x)$）が矩形分布形状の場合の標準不確かさ u_B（= 標準偏差 σ）を求めてみよう。

$$\bar{x} = 0, \quad \int_{-\infty}^{\infty} p(x)dx = 1$$

より

$$p(x) = \frac{1}{2a} \qquad (-a \leqq x \leqq a)$$
$$p(x) = 0 \qquad (x < -a,\ x > a)$$
$$\sigma^2 = \int_{-\infty}^{\infty} (x - \bar{x})^2 p(x)dx = 2\int_0^a \frac{x^2}{2a}dx = \frac{a^2}{3}$$
$$\sigma = \frac{a}{\sqrt{3}}$$

が導ける。

ほかの形状の分布においても，同様に導くことができる。したがって，この場合の標準不確かさ u_B は，$u_B = \sigma = a/\sqrt{3}$ となる。

タイプ B の評価法の 90%以上は矩形分布が使われる。ディジタル表示の不確かさは必ず矩形分布である。

1.8.4 合成標準不確かさ

合成標準不確かさの求め方をつぎの例を用いて説明しよう。

例 *1.1* 電圧計で電圧を測定した場合を考える。電圧計の校正証明書にはつぎのように記載されていた。

校正結果：100.0 V を表示したときの入力電圧は，100.0 V である。

拡張不確かさ：±0.4 V　($k = 2$)

温度：23℃

校正証明書は，校正の結果，電圧計表示に関わる偏りはないことを示している。この場合，タイプ B の不確かさとしては計器の校正に対する標準不確かさと，温度に対する標準不確かさを調べることになる。計器の校正に対する標準不確かさは，校正証明書に不確かさの報告があるので，確率密度分布は正規分布で仮定する。

$$\text{標準不確かさ} = \frac{\text{拡張不確かさ}}{2} = \frac{\pm 0.4}{2} = \pm 0.2\,\text{V} \tag{1.27}$$

また，自身の測定環境が 23 ± 5℃ であったとすると，温度による標準不確かさは，矩形分布を仮定でき

$$\text{標準不確かさ} = \frac{5}{\sqrt{3}} \fallingdotseq 2.887\,℃ \tag{1.28}$$

となる。この不確かさについては，測定量の単位を合わせる必要がある。

温度と電圧のように単位の異なる物理量 x_i ($i = 1, 2, \cdots, N$) が出力 y にどのように影響するかを，一般式で表示すると

$$y = f(x_1, x_2, \cdots, x_N) \tag{1.29}$$

このとき

$$c_i = \frac{\partial f}{\partial x_i} \tag{1.30}$$

ここで，c_i は**感度係数** (sensitivity coefficient) と呼ばれ，物理量の異なる変数を一つの式で扱う際の単位そろえの役割も有している。

例えば，温度の影響を考慮した電圧計の測定値 V は次式で表されるとすると

$$V = V_m + c_V(t - t_0) \tag{1.31}$$

ここで

V：測定電圧〔V〕

V_m：V の平均電圧〔V〕

c_V：電圧の温度係数〔V/℃〕

t_0：基準温度〔°C〕

t：測定時の温度〔°C〕

である。かりに，電圧計の温度係数を 0.1 V/℃ とすると，温度による不確かさが式 (1.28) の場合，次式に変換される。

$$c_V \times 2.887 = 0.1 \times 2.887 = 0.288\,7 \tag{1.32}$$

各標準不確かさを**不確かさの伝搬則**（式 (1.33)）で合成することで，**合成標準不確かさ**（combined standard uncertainty）u_c が算出される。

$$u_c = \sqrt{\sum_{i=1}^{N} {c_i}^2 u^2(x_i)} = \sqrt{\sum_{i=1}^{N} \left[\frac{\partial f}{\partial x_i}\right]^2 u^2(x_i)} \tag{1.33}$$

同じ単位にすべて変換された場合は，合成標準不確かさは各標準不確かさの二乗和の平方根で示される。

例えば，自身の実験で，電圧を反復測定して算出したタイプ A の測定値（平均値）が 101.0 V，標準不確かさが 0.123 V で，タイプ B に分類される標準不確かさが，かりに校正証明書から読み取れる式 (1.27) と式 (1.32) だけであったとすると，合成標準不確かさは

$$u_c = \sqrt{(0.123)^2 + (0.2)^2 + (0.288\,7)^2} = 0.372\,1\ \mathrm{V} \tag{1.34}$$

となる。

1.8.5　包含係数 k の決定と拡張不確かさ U

包含係数（coverage factor）k は，下記のように拡張不確かさについて信頼水準を与える（図 **1.12**）。

$k = 1$：約 68%の信頼水準

$k = 2$：約 95%の信頼水準

$k = 2.58$：約 99%の信頼水準

$k = 3$：約 99.7%の信頼水準

合成標準不確かさ u_c を包含係数 k 倍したものを**拡張不確かさ**（expanded uncertainty）と呼び，下記のように表記される。

$$U = ku_c \tag{1.35}$$

例えば $k = 2$ とすると，拡張不確かさ U は

$$U = ku_c = 2 \times 0.372\,1 = 0.744\,2 \simeq 0.74\,\mathrm{V} \tag{1.36}$$

となる（U は通常有効桁 2 桁で使用する）。

1.8.6 不確かさの報告

1.8.4 項で取り上げた例の場合，電圧の測定結果 m_V は，以下の①あるいは②の形式で報告する。

① 合成標準不確かさを用いる場合は，それを有効桁 2 桁で表示する。

$$m_V = 101.0\,\mathrm{V} \qquad （ただし合成標準不確かさ\ u_c = 0.37\,\mathrm{V}）$$

② 拡張不確かさを用いる場合は，それを有効桁 2 桁で表示する。

$$m_V = 101.0\,\mathrm{V} \pm 0.74\,\mathrm{V} \qquad (k = 2)$$

測定結果の評価表現は，誤差から不確かさに大きく変化し，評価過程の透明性がはかられているといえる。

演　習　問　題

【1】 偏りとばらつきについて説明しなさい。

【2】 誤差と不確かさの相違を述べなさい。

【3】 表 *1.4* の確率密度分布（$p(x)$）が三角分布形状の場合の標準不確かさを求めなさい。

2

セ　ン　サ

計測を行う際には，電圧や電流値をテスタなどで直接測定する場合を除いて，測定対象となる物理量をセンサを用いて計測する必要がある。同じ物理量の測定でも，センサの原理により計測するうえで注意すべき点が異なるため，センサの概要を知ることは重要である。近年センサは，ますます小型化，高精度化し，多くの人間の感覚をも計測できるようになり，スマートフォンの例に代表されるように，機器に新たな機能を付加する重要な役割を担うようになってきている。本章では代表的なセンサについて述べる。

2.1　セ ン サ と は

センサとは一般に光や温度，圧力，磁気などの物理量を電気的な信号に変換する素子や装置の総称である。センサの電気的な出力形態としては，おもに以下の3種類がある。

- 電圧出力
- 電流出力
- 抵抗（インピーダンス）変化の出力

同じ物理量の測定センサでも，センサの種類や測定原理によって出力の形態は変わってくる。そのため，測定原理の違いによる特徴を把握することが重要となる。

表 *2.1* にセンサにより検出可能な対象を示す。対象としては光や圧力などの物理量を測定する物理センサと，気体やイオン，においなどを計測する化学センサがある。

表 **2.1**　物理量・化学量による分類

分　類	検出量
物理センサ	電圧，電流，電力
	磁界，磁束
	超音波
	光量，照度
	画像
	位置，距離，変位，速度，加速度
	振動数，回転数，角速度
	力・トルク
	圧力
	音
	流量，流速
	放射線
	温度，湿度，バイオ・生体量
化学センサ	気体（ガス）
	液体（イオン）
	味覚，嗅覚
	バイオ・生体量

近年では単に物理量の把握だけにとどまらず，ロボットに搭載されるセンサなど，人間の感覚を代替するような用途が多くなっている。**表 2.2** に人間の感覚の種類と検出センサの分類を示す。この表にあるように，人間の多くの感覚がセンサによって計測できるようになっている。さらに，スマートフォンなどにはさまざまなセンサが搭載され，操作や人間の感覚を代行する用途として利用されている。**表 2.3** にスマートフォンに利用されているセンサと人間の感覚をまとめた表を示す。以前まではこれらのセンサから得られた情報は，使用者が把握するためだけに利用されることが多かったが，近年ではスマートフォン

表 **2.2**　人間の感覚の種類（感覚器官と物理刺激）とセンサの分類

感覚の種類	感覚器官	物理刺激	感覚の内容	センサ	センサ例
視覚	眼（網膜内の錐体・桿体）	可視光線	色調（色相），輝度（明度），飽和度（彩度）	光センサ	ホトダイオード，CCD，CMOS センサ
聴覚	耳（コルチ器官の聴覚細胞）	音波	音質（音の高低・大小・メロディ）	音響センサ	マイクロフォン，圧電素子
嗅覚	嗅上皮の繊毛	嗅覚刺激物	においの強弱・良否	においセンサ	バイオケミカル素子，ジルコン酸チタン酸塩
味覚	舌（味蕾の味覚細胞）	呈味物質	甘さ，辛さ，酸っぱさ，苦さ	味センサ	白金酸化物，半導体ガスセンサ，粒子センサ
皮膚感覚	皮膚（神経の末端）	温感，機械的刺激	圧迫感，触感，温度，痛覚	ひずみセンサ，温度センサ，圧力センサ	ストレンゲージ，サーミスタ，感圧ポリマ
運動感覚	筋肉，関節，腱	身体部位の位置変化	身体部位の移動	回転センサ，位置センサ	ロータリーエンコーダ，ポテンショメータ
平衡感覚	耳（三半規管，前庭器官）	身体の回転運動・位置変化	加速，減速，正立，傾斜	加速度センサ，ジャイロセンサ	半導体加速度センサ，音さ形ジャイロセンサ

からのデータをサーバーに蓄積することで，使用者個人だけでは検出できないような情報を把握することも可能となっている。例としては，各スマートフォンからの位置情報と気温や湿度，気圧の情報などを総合して，ピンポイントの天気予報を行うなどの研究もなされている。

本章ではセンサのうち，代表的な光センサ，温度センサ，ひずみセンサ，圧力センサ，加速度センサについて解説する。なお，磁気センサについては，一部 **5** 章に記載したので参照していただきたい。

表 2.3 スマートフォンに搭載されているセンサの種類

(a) スマートフォンの位置や方向を感知するセンサ

センサの名称	用　途	人間の感覚
GPS	位置情報	なし
加速度センサ	傾き・動き検出	平衡感覚
ジャイロセンサ	回転検出	平衡感覚
磁気センサ	方位検出	なし

(b) スマートフォンのまわりの状況を感知するセンサ

センサの名称	用　途	人間の感覚
近接センサ	顔の検出	視覚
RGB ライトセンサ	明るさ・色の検出	視覚
温度センサ	気温	皮膚感覚
湿度センサ	湿度	皮膚感覚
気圧センサ	気圧	なし

(c) スマートフォンの操作などに用いるセンサ

センサの名称	用　途	人間の感覚
カメラ・ジェスチャーセンサ	顔の検出，手の動き	視覚
マイク	音声認識，周囲の音量	聴覚
タッチパネル	画面操作	皮膚感覚
指紋センサ	セキュリティ	なし

2.2 光 セ ン サ

光センサは可視光や赤外光などの光エネルギーを電気的な信号に変換する素子である。光センサにはさまざまな原理のものがあるが，近年では半導体を用いた光センサが多く用いられている。ここでは半導体を用いたホトダイオード，CdS セル，太陽電池について解説する。

2.2.1　ホトダイオード

ホトダイオードは半導体の**pn 接合**（pn junction）に光を当てると起電力が発生する現象を利用している。**図 2.1** にホトダイオードの構造および回路図記号と外観を示す。純粋な半導体に p 形の不純物（ホール）をドーピングした p 形半導体と，n 形の不純物（電子）をドーピングした n 形半導体を接合した構造（pn 接合）になっている。pn 接合の接合部には**空乏層**（depletion layer）と呼ばれるホールも電子も存在しない部位が発生し，空乏層内で電位差が生じる。しかしこのままでは，電極をショートしても電子もホールも発生しないため，電流は流れない。この空乏層に光が当たると半導体原子の共有結合が切れて，ホールと自由電子が発生し，ホールは p 形半導体側に，電子は n 形半導体側に

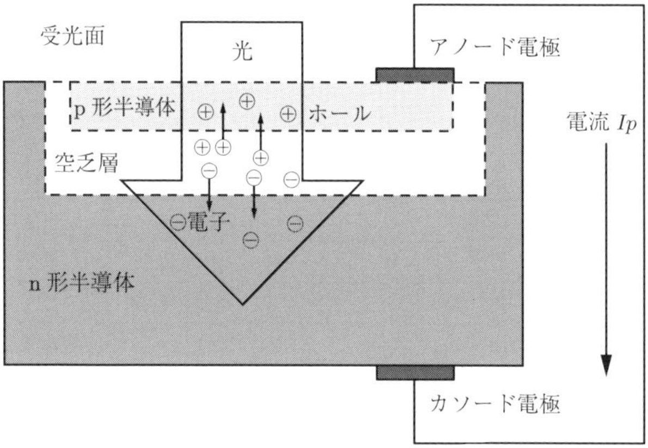

（a）　構　造

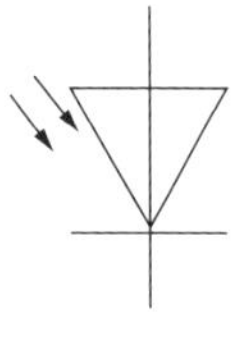

（b）　図記号

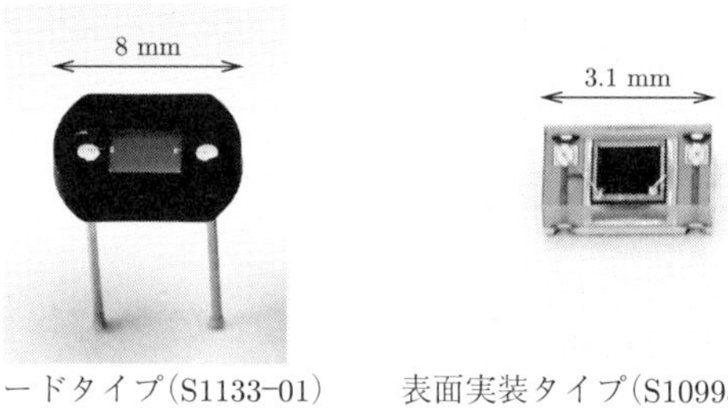

リードタイプ（S1133-01）　　表面実装タイプ（S10993-05GT）

（c）　ホトダイオードの外観（写真提供：浜松ホトニクス株式会社）

図 **2.1**　ホトダイオード

移動する。これにより，電極をショートすると電流が流れる。この現象を**光起電力効果**（photovoltaic effect）と呼ぶ。この pn 接合は整流ダイオードや，トランジスタなどにも同様に存在する。これらの素子の場合は光起電力効果により誤動作しないように，黒いパッケージで光が入らないよう工夫がされている。ホトダイオードの場合は，効率的に光を変換できるように，p 形の厚みを薄くして空乏層に光が届きやすいようにしている。また，pn 接合の面積が大きいほど感度がよくなるが，一方で空乏層がコンデンサの役割を果たすため，面積が増加すると，応答速度が悪くなるという特徴がある。

ホトダイオードの利点を以下に挙げる。

- 入射光に対する出力の直線性がよいため，光量の計測に用いられる。
- 光に対する応答速度がよいため，光通信のセンサとして用いられる。
- 小型かつ軽量である。
- 低雑音である。

また欠点としては，出力電流が非常に小さいため，増幅回路が必要なことが挙げられる。用途としては，光計測用だけでなく，リモコンの受光部，火災センサ，光スイッチ，光ファイバ通信の受光部などに利用されている。

2.2.2 C　d　S

CdS は硫化カドミウムを用いた**化合物半導体**（compound semiconductor）のセンサで，光の照射により抵抗値が変化する**光導電効果**（photo-conductive effect）の原理を利用している。**図 *2.2*** に CdS 構造および回路図記号と外観を

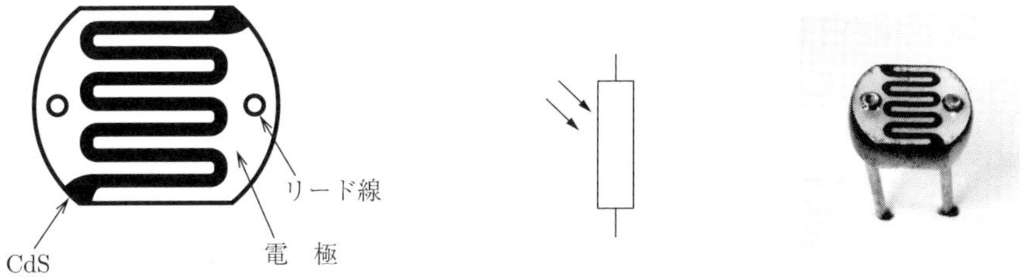

（*a*）構　造　　（*b*）図記号　　（*c*）外　観

図 ***2.2***　CdS

示す。半導体の原子は**共有結合**（covalent bond）と呼ばれる強い結合をしているため，電子が移動して電流を運ぶことはできず，抵抗値が高くなる。しかし，外部から光のエネルギーを与えると，共有結合が切れて電子が自由に移動可能となるため，抵抗値が下がる。このように CdS は光の照射によって抵抗値が低下する性質があるため，光の量により抵抗値が変化する可変抵抗器と考えることができる。利点としては，以下のようなことが挙げられる。

- 極性がなく構造が単純なため安価である。
- 抵抗の変化量が大きいため，簡単な回路で利用できる。
- 赤外線，可視光，紫外線まで広範囲の波長に反応する。

このため，街灯の自動点灯回路や，開くとメロディーが鳴るクリスマスカードなどの回路に利用されている。欠点としては，反応速度が遅く，ホトダイオードのように通信用の用途として用いることはできないという点が挙げられる。

2.2.3 太　陽　電　池

太陽電池は光のエネルギーを電気エネルギーに変換する素子であり，動作原理はホトダイオードと同じで光起電力効果を用いている。しかし，電力を効率的に取り出すため，ホトダイオードに比べ構造的な工夫がされている。図 ***2.3*** に太陽電池の構造を示す。受光面から n 形半導体の層，i 形半導体の層，p 形

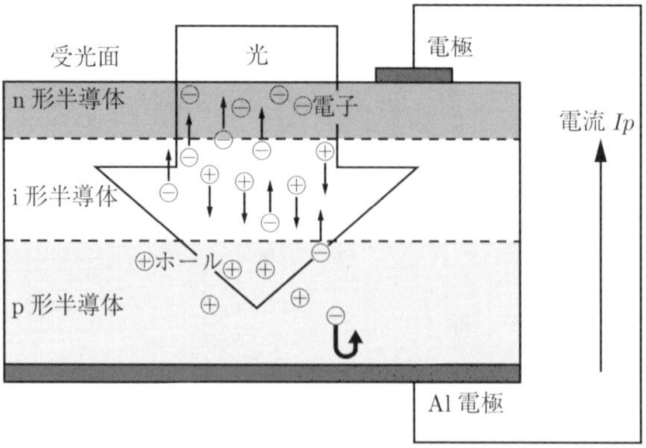

図 ***2.3*** 太陽電池の構造

半導体の層がサンドイッチされた構造になっている。n 形半導体の層は光を効率よく i 形半導体の層に届けるため，薄くつくられている。i 形半導体の層は低濃度の不純物をドーピングした材質が用いられ，空乏層が広くなるようにつくられており，厚みがあるほど効率がよくなる。p 形半導体の層の下にはアルミニウムの電極が蒸着されており，光を反射する用途と，**オーミック接続**（ohmic contact）により p 形半導体層の層で発生した電子を電極側に拡散しないようにし，発電効率を上げる用途がある。

現在市販されている太陽電池の変換効率は Si 形で 30％程度である。変換効率は，太陽光の入射エネルギーを P_{IN}，太陽電池の最大電力を P_{MAX} とすると，次式で表される。

$$\eta = \frac{P_{\mathrm{MAX}}}{P_{\mathrm{IN}}} \times 100 \,〔\%〕 \tag{2.1}$$

日本では快晴時の太陽光のエネルギーは $1\,\mathrm{kW/m^2}$，$100\,\mathrm{mW/cm^2}$ であるため，Si 太陽電池の場合最大で $30\,\mathrm{mW/cm^2}$ 程度の電力を発電可能であることがわかる。**図 *2.4*** に太陽電池の負荷による出力電圧と出力電流を測定したグラフを示す。太陽電池の出力を開放した場合の最大電圧を開放電圧 V_{oc}，出力を短絡した場合の最大電流を短絡電流 I_{sc} という。また，太陽電池に接続する負荷の大きさにより，出力電圧と出力電流の関係は，図中の曲線の出力特性になる。

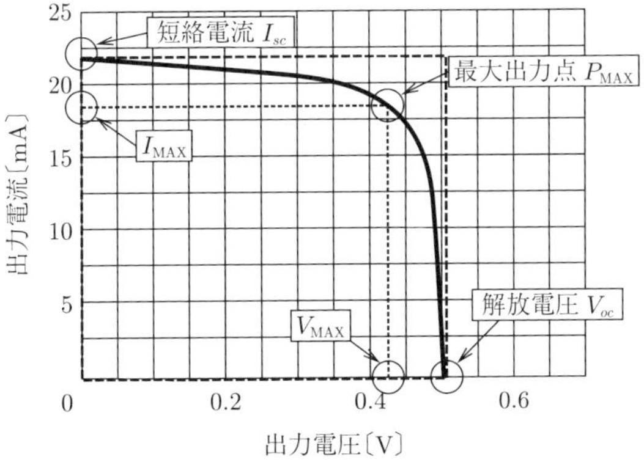

図 ***2.4***　太陽電池の出力特性

このため，太陽電池から取り出せる最大の電力は $V_{oc} \times I_{sc}$ とはならず，図中の曲線に内接する長方形の面積が最大になる場合が最大電力 P_{MAX} となる。最大電力のときの電圧を最大動作電圧（V_{MAX}），電流値を最大動作電流（I_{MAX}）という。太陽電池の性能を表す数値として，P_{MAX} と $V_{oc} \times I_{sc}$ の比をとって，**形状因子**（fill facter：FF）を用いる。

$$\mathrm{FF} = \frac{P_{\mathrm{MAX}}}{V_{oc} \times I_{sc}} = \frac{V_{\mathrm{MAX}} \times I_{\mathrm{MAX}}}{V_{oc} \times I_{sc}} \tag{2.2}$$

この数値がよいほど太陽電池としての性能がよいことになる。かつては太陽電池を用いたカメラの露出計などがあったが，現在ではセンサとして利用されることはなく，電力を取り出す電池として利用されている。

2.3　温 度 セ ン サ

温度は，最も基本的な物理量の一つで，身のまわりにも多くの温度センサが利用されている。温度センサには大きく分けて，**接触式**と**非接触式**がある。接触式のセンサは，被測定物にセンサを直接接触させて温度を計測するため，被測定物からセンサへの熱エネルギーの移動が生じる。このため，被測定物がセンサに対して小さい場合，エネルギーの移動により温度が変化し，正しい温度が計測できないという問題がある。一方，非接触式のセンサは熱源から放出される赤外線を計測する。この方法はセンサが接触しないため被測定物の温度変化は生じないが，被測定物の放射係数や反射率などで計測結果が変化する。ここでは接触式のセンサのうち，サーミスタ，白金温度計，熱電対について説明する。

2.3.1　サ ー ミ ス タ

サーミスタはニッケル，コバルト，マンガン，鉄などの酸化物半導体をガラスなどでコーティングした構造をもつセンサで，温度が上昇すると抵抗値が低下する性質をもつ。これは温度の上昇により半導体の共有結合が切れることに

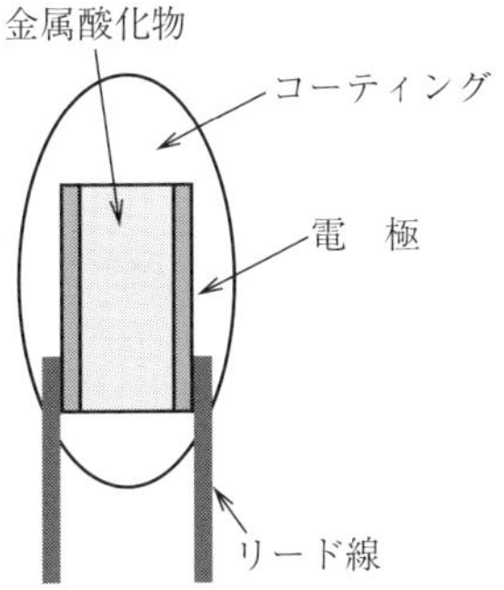

（a） 構　造

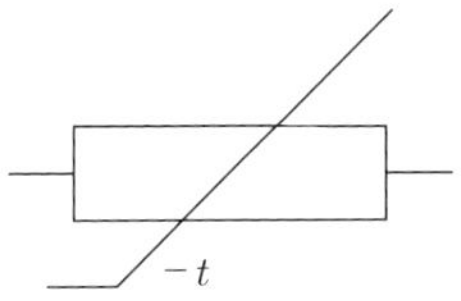

（b） 図記号

表面実装タイプ（RH18 シリーズ）

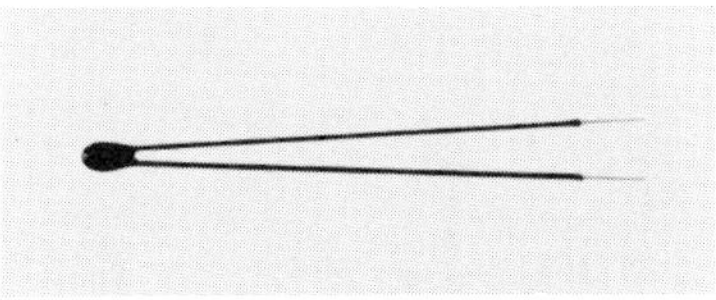

リードタイプ（TH03 シリーズ）

（c） 外　観（写真提供：三菱マテリアル株式会社）

図 **2.5**　サーミスタ

より，自由電子が増加するためである。**図 2.5** にサーミスタの構造，回路図記号，外観を示す。

サーミスタの抵抗値 R と温度 T との関係は下記の式のようになる。

$$R = R_0 \exp\left\{B\left(\frac{1}{T} - \frac{1}{T_0}\right)\right\} \tag{2.3}$$

ここで，R_0 は基準温度 T_0 における抵抗値で，一般的には 25℃ における抵抗値を用いる。B は材料により決まる定数で，**サーミスタ定数**（thermistor constant）または **B 定数**（B constant）と呼ばれている。この式より，サーミスタの抵抗値は温度の上昇に対して低下することがわかる。このような特性のサーミスタを **NTC**（negative temperature coefficient）**サーミスタ**と呼ぶ。

サーミスタの利点としては以下のようなことが挙げられる。

- 温度変化に対しての抵抗変化の値が大きいため，感度が高い。
- 構造が簡単で安価である。
- 小型かつ堅牢である。

一方，短所としては以下のようなことが挙げられる。

- 非直線素子であるため，精度よく測定するには温度範囲が狭くなる。
- 値にばらつきがあり校正が必要である。
- ほかの製品と互換性がない。

サーミスタは非直線素子のため，そのままでは使いにくい。このため通常はサーミスタに並列に抵抗を挿入することで，直線性を改善させて使用するのが一般的である。用途としては，電子体温計やエアコンや冷蔵庫などの温度センサなどに多く利用されている。

2.3.2 白金温度計

白金温度計は，白金を温度測定のセンサとして利用している。白金などの金属は，温度が上昇すると抵抗値が増加する特性がある。白金は酸化に強く融点も高いため，温度測定のセンサとして古くから利用されている。図 **2.6** に白金温度計の構造と外観を示す。白金温度計は，0℃のときに 100 Ω になるようにトリミングした抵抗素子をセラミックなどの保護管に入れた構造になっている。また近年では，アルミナ基板上に白金の薄膜蒸着を行うことで小型化されたセンサも開発されている。白金の温度係数は +0.392 Ω/℃ であり，後で説明する熱電対よりも感度が高いため，精度の高い測定が可能となる。しかし，白金温度計の抵抗値は常温で 100 Ω 程度と比較的低く，抵抗変化もわずかであるため，測定の際には，リード線の抵抗の影響などを除去する必要がある。通常は，電流を流す線と，電位差を測定する線を分ける 4 線式の計測方法（***4.1.3*** 項参照）を用いて測定を行う。

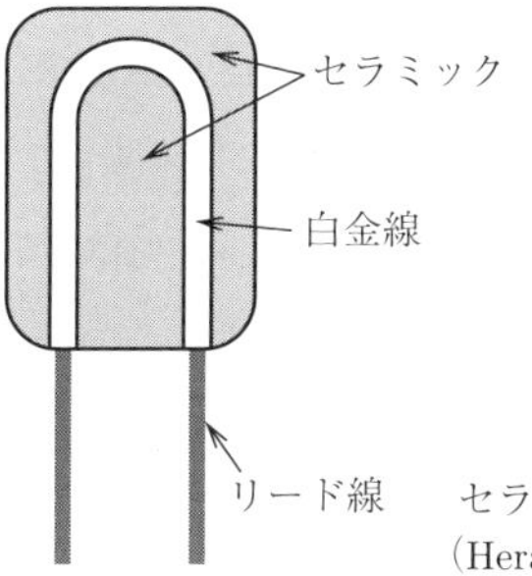

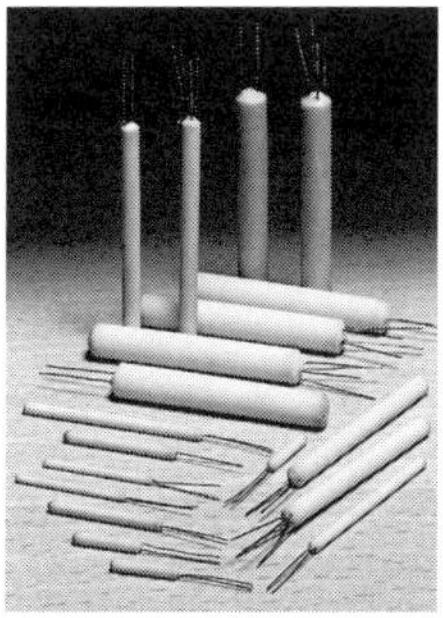

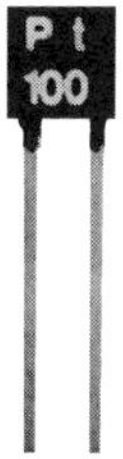

セラミック巻線形白金測温抵抗体素子 (Heraeus Sensor Technology GmbH 製)　ケース入り素子(Sensor Technology Ltda 製)

(*a*) 構　造　(*b*) 外　観 (写真提供：ヘレウス株式会社)

図 **2.6**　白金温度計

白金温度計の利点としては，測定精度が高く，安定性もよいことが挙げられる。また JIS 規格により，特性が規格化されているため，互換性が高いという利点もある。欠点としては，価格が高価で形状がほかのセンサに比べ大きいため，応答性が悪いことが挙げられる。また，抵抗値の変化を電圧の変化に変換する際に電流を流す必要があり，ジュール熱による発熱が起こる。一般的には 2 mA の電流を流して使用する。用途としては，車のエンジンオイルの温度測定や工場プラントでの温度制御用のセンサなどに利用されている。

2.3.3 熱　電　対

図 ***2.7*** に示すように 2 種類の金属 A，B の両端を接続し，閉回路をつくり，両端に T1，T2 の温度差を与えると閉回路内に電流が流れる。この現象をゼーベッ

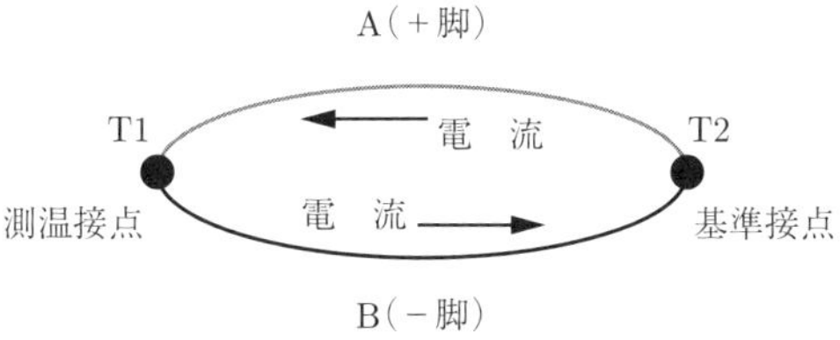

図 **2.7**　熱電対の原理

ク効果（Seebeck effect）と呼ぶ。熱電対はこのゼーベック効果を利用した温度センサである。この電流を発生させる電圧を**熱起電力**（thermoelectromotive force）と呼ぶ。熱起電力は金属 A，B の組合せと T1，T2 の温度差のみで決定され，形状や長さに無関係である。また，接点以外の途中の温度にも無関係で，純粋に接点の T1，T2 の温度差だけで決まる性質がある。一方で熱起電力は T1，T2 の温度差だけで決まるため，温度の絶対値を測定するには片方の接点の温度が既知でなければならない。**図 *2.7*** において，T1 > T2 のとき，基準接点から測温接点方向に電流が流れる金属線を＋脚，測温接点から基準接点方向に電流が流れる金属線を－脚と呼ぶ。

図 *2.8* に測定方法を示す。実際には基準接点側を開放した際の電圧を測定装置で測定している。このとき開放した基準接点の温度が両端で同じ場合は，**図 *2.7*** で示した熱電対の原理が成り立つ。このため測定装置で測定した電圧は，測温接点と基準接点の温度差となるが，基準接点側の温度 T2 をサーミスタなどで測定し，測定装置側で絶対温度に換算している。

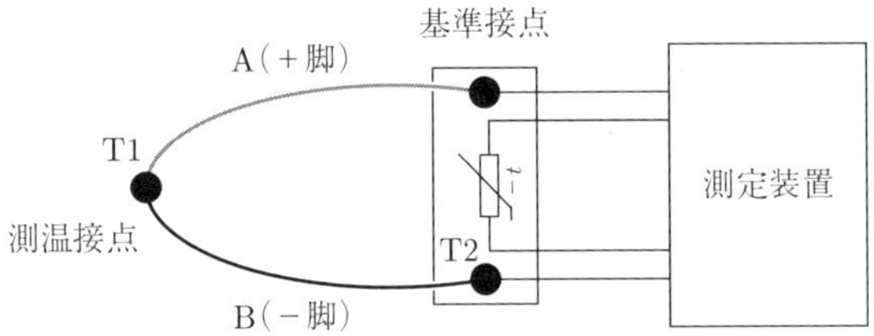

図 ***2.8***　熱電対の測定方法

熱電対の利点としては

- 構造がシンプルで耐久性が高く，比較的安価である。
- 熱電対の金属の組合せが JIS 規格で規定されており，同じ組合せであれば互換性がある。
- 低温から高温まで測定範囲が広い。
- 測温接点を小さくつくれるので，温度による反応が早い。

などが挙げられる。一方欠点としては，温度補償が必要なため専用の回路や測定装置が必要で，測定精度が白金温度計に比べよくないという点が挙げられる。しかし，利点で述べたように測定温度範囲が広くセンサの互換性が高いため，工業用の温度測定には最も広く用いられている。

2.4 ひずみセンサ

物体がどれだけ伸び縮みしたかを測定するセンサを**ひずみセンサ**（strain sensor）と呼ぶ。また，ひずみセンサの中でも金属の伸び縮みによる抵抗変化を利用したセンサを**ひずみゲージ**（strain gavge）と呼ぶ。図 **2.9**（a）のように金属が長さ l 方向に伸びたとすると，ひずみ量 ε を以下のように表す。

$$\varepsilon = \frac{\Delta l}{l} \tag{2.4}$$

このときの導体の抵抗値 R は長さと断面積による影響を受ける。また，形状による影響だけでなく，比抵抗 ρ も影響を受ける。これより，抵抗の変化を ΔR とすると

$$\frac{\Delta R}{R} = \frac{\Delta\rho}{\rho} + \frac{\Delta l}{l} - \frac{\Delta S}{S} \tag{2.5}$$

が成り立つことがわかっている。この式は，ひずみによる抵抗変化が，形状の変化による影響と比抵抗の変化による影響で決まることを表している。図 **2.9**（b）にひずみゲージの構造を示す。ひずみゲージは抵抗線や薄膜抵抗を折り返した構造になっており，薄い絶縁材料の上に固定されている。抵抗部分は酸化による抵抗変化を防ぐため，カバーがされている。このひずみゲージを，測定したい部位に貼り付けることでゲージ長方向のひずみ量に応じた抵抗変化を生じる。近年では，抵抗体の代わりに半導体の**ピエゾ抵抗効果**（piezoresistance effect）を利用したひずみゲージも開発されている。これはひずみにより半導体中のキャリア数やキャリアの移動度が変化することにより抵抗変化が生じ，ひずみに対する抵抗変化は金属線を用いたひずみセンサに比べて大きな値を示す。

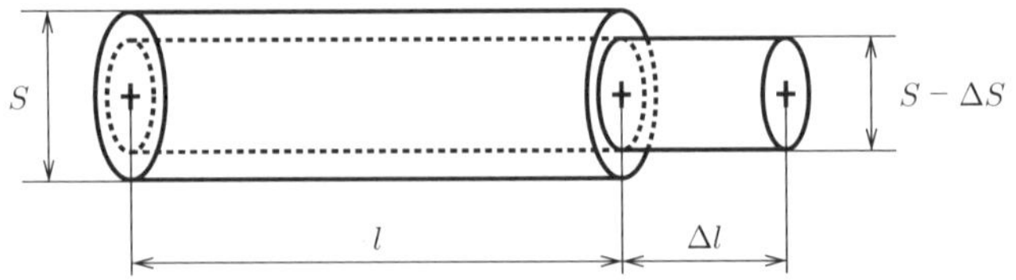

（a）　ひずみゲージの原理

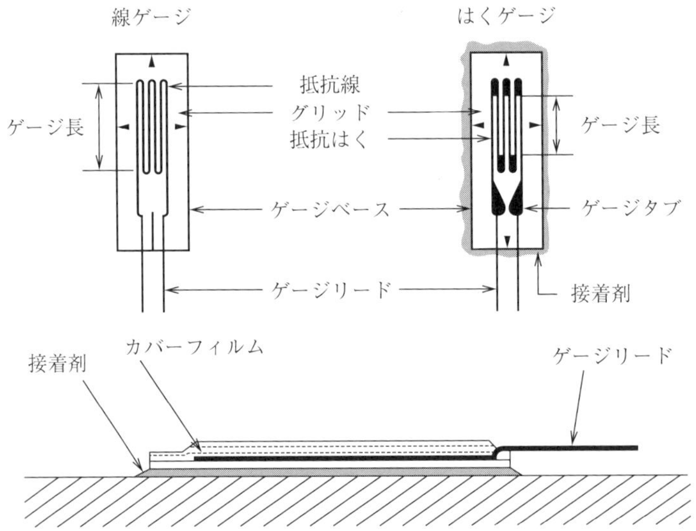

（b）　ひずみゲージの構造（引用元：[株式会社東京測器研究所 HP]http://www.tml.jp/product/strain_gauge/about/index.html（2016 年 1 月現在））

図 **2.9**　ひずみゲージ

このことから感度の高いセンサをつくることができる。また，近年では**MEMS**（micro electro mechanical systems，メムス）技術を用いた微細加工により安価で小型かつ軽量なセンサが製作可能になっており，圧力センサや加速度センサ，ジャイロセンサなどの各種センサに利用されている。

2.5　圧力センサ

圧力とは気体や液体，固体などあらゆる物体に加わる力学エネルギーである。

その範囲は広く，例えばスマートフォンなどの画面のタッチセンサなども圧力センサの一種である。また前の章で説明したひずみセンサを用いれば，個体に加わった圧力（加重）を測定することも可能である。ここでは，圧力センサの中でも半導体を用いた気体の圧力センサについて解説する。

圧力には基準をどこに置くかによって，**絶対圧**（absolute pressure），**ゲージ圧**（gage pressure），**相対圧**（relative pressure）の3種類の表し方がある。図 ***2.10*** に3種類の圧力の関係を示す。絶対圧は真空を0として圧力を表す方法である。このため，真空は0気圧，大気圧は1気圧となる。ゲージ圧は大気圧を0として表す方法で，真空は –1 気圧となる。一方，相対圧は大気圧などに関係なく，ある2点間の圧力の差を表す方法である。

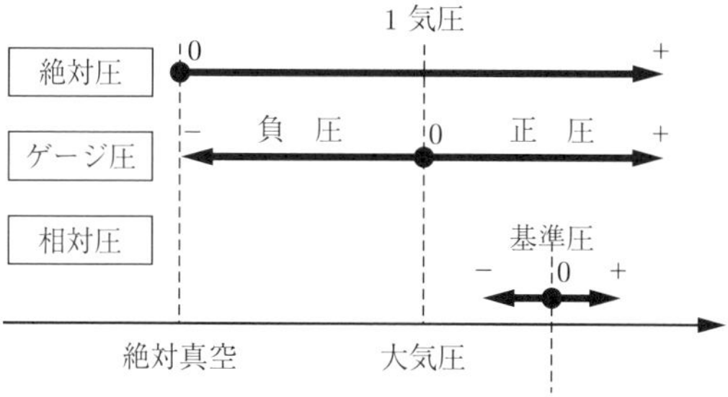

図 ***2.10*** 圧力の種類

図 ***2.11*** に半導体を用いた圧力センサの構造を示す。圧力センサはケース内がダイヤフラムにより2室に分けられている。ダイヤフラムは2室の圧力差により変形するため，ダイヤフラムにひずみセンサを取り付けておけばダイヤフラムの変形を電気抵抗変化として取り出すことができる。絶対圧センサ（図（a））は2室のうち1室が真空になっており，ポートの圧力と真空の圧力差によるダイヤフラムのひずみを計測している。ゲージ圧センサ（図（b））は片方に大気圧を導入する穴が開けてあり，ポートの圧力と大気圧との差を測定できる構造となっている。差圧センサ（図（c））は，2室ともにポートA，Bが設置されており，ポートA，Bの圧力差を測定することができる。近年ではひずみゲー

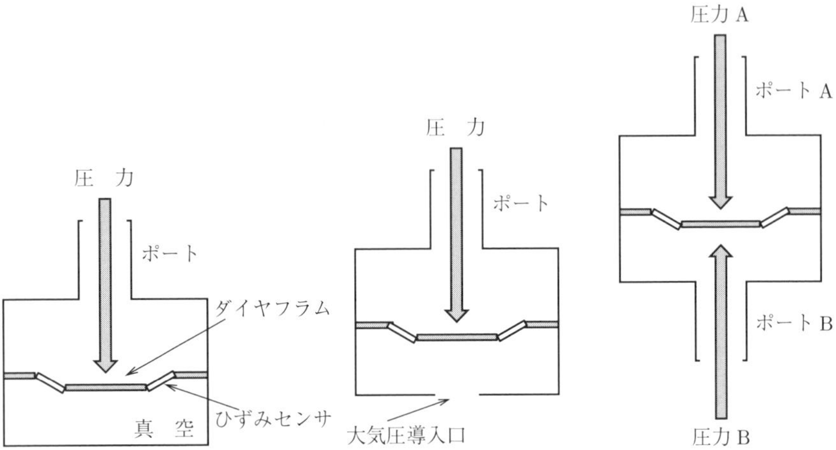

（*a*）　絶対圧センサ　　（*b*）　ゲージ圧センサ　　（*c*）　差圧センサ

図 ***2.11***　圧力センサの構造

ジに MEMS 技術を利用した半導体のピエゾ抵抗形ひずみセンサを用いるのが一般的で，小型のセンサが開発されている。

図 *2.12* にセンサの外観を示す。小型のものでは 2 mm 程度のものも開発されており，スマートフォンや腕時計などに組み込む用途として使用されている。そのほか，圧力センサの用途としては，工業用の圧力を測定するだけでなく，差圧を用いた気体の流量測定や，エンジンの吸気圧力測定，掃除機の目づまり検知，家庭用・医療用の血圧計などに利用されている。

リードタイプ（写真提供：パナソニック株式会社，ADP5100）　　表面実装タイプ（写真提供：ミツミ電機株式会社，MMR933XA）

図 ***2.12***　圧力センサの外観

2.6 加速度センサ

加速度センサは，物体にはたらく加速度を測定するセンサである。質量 m〔kg〕の物体に加速度 a〔m/s^2〕が加わった場合，ニュートンの運動の第 2 法則より

$$F = ma \tag{2.6}$$

が成り立つ。これは物体の質量と加速度に比例した力がはたらくことを示している。**図 2.13** に加速度センサの原理図を示す。左が実際のセンサの構造を示し，右が模式化した構造である。加速度センサは，ばねに吊るされたおもりが支持部で支えられた構造になっている。この状態で重力加速度 g〔m/s^2〕が加わった場合，ばねの伸び x〔m〕はばね定数を k とすると

$$kx = mg \tag{2.7}$$

が成り立つ。これより重力加速度によりばねが伸びることがわかる。また支持部が上下方向に加速度運動した場合，ばねに吊されたおもりは慣性の法則により，その場所にとどまろうとするため，支持部からおもりを見ると加速度の方向とは逆方向に引っぱられる力がはたらき，ばねの長さが変化することがわかる。したがって，ばねの長さを測ることで，重力加速度や運動による加速度を測定できることがわかる。実際の加速度センサでは，支持部に相当するケース内にダ

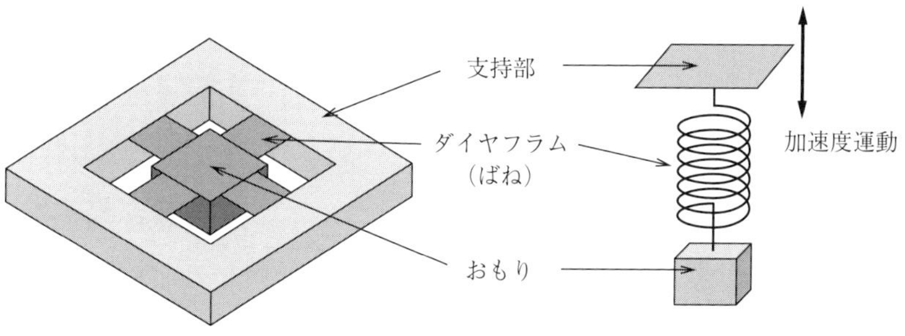

図 2.13　加速度センサの原理図

イヤフラムに取り付けられたおもりが吊るされている構造になっている。このため，加速度によりダイヤフラムがひずむことになる。これを前述のひずみセンサを用いて測定すれば，加速度の値を抵抗変化として取り出すことができる。

実際の加速度センサには，おもりの動きを電気的に変換する方法として，抵抗形，圧電形，容量形の 3 種類がある。

2.6.1　抵抗形加速度センサ

図 2.14 に抵抗形加速度センサの構造と外観を示す。抵抗形の加速度センサはダイヤフラムに相当する部分に**ピエゾ抵抗素子**（piezoresistive element）が配置されている。ダイヤフラムに吊るされたおもりが加速度により移動することで，ダイヤフラムがひずみ，抵抗変化として取り出すことができる。このため，重力加速度のような定常的な加速度も測定可能である。一般にはピエゾ抵抗素子を使ってブリッジ回路を構成，電圧出力に変換し，差動増幅器を用いて増幅する。この方式のセンサは市販のセンサで多く用いられており，測定範囲は $100\,\mathrm{m/s^2}$ 程度で周波数は DC〜数百 Hz 程度までである。ピエゾ抵抗素子は温度による抵抗変化を生じるので，温度補正や回路に工夫をする必要がある。近年ではパッケージ内に温度補償やアンプ，A-D 変換が内蔵され，ディジタル値をシリアル通信で出力するタイプのものも発売されている。さらに MEMS 技

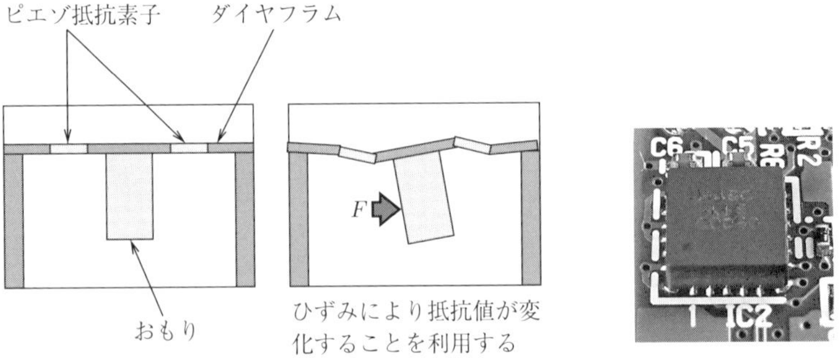

（a）　構　造　　　　（b）　外　観（日立金属株式会社，H48C）

図 **2.14**　抵抗形加速度センサ

術により小型化が可能なため，スマートフォンの傾き検知や万歩計，ゲーム機，車のエアバッグの衝撃検出などに用いられている。

2.6.2 圧電形加速度センサ

図 *2.15* に圧電形加速度センサの構造と外観を示す。圧電形加速度センサはダイヤフラムに**ピエゾ圧電素子**（piezoelectric device）が配置されている。ピエゾ圧電素子は素子にひずみが生じることで電荷が発生する原理を利用しており，発生した電荷を増幅して波形を検出する。一般に発生する電荷は非常に小さいので，オペアンプを用いた積分回路を使って電圧に変換する。また，圧電素子の電荷は，ひずみの変化によって発生するため，ひずみが生じていても，ひずみ量が一定の場合は電荷が生じない。このことより，抵抗形のセンサと異なり，重力加速度のような一定の加速度は測定することができない。しかし加速度の測定範囲が 100 000 $\mathrm{m/s^2}$ 程度まで測定可能であり，1 kHz 以上の高周波の加速度波形も計測可能である。また，アンプに専用のものを用いる必要があり，非常に高価である。このため用途としては，工業計測用に大きな振動や衝撃を測定する用途として用いられることが多い。

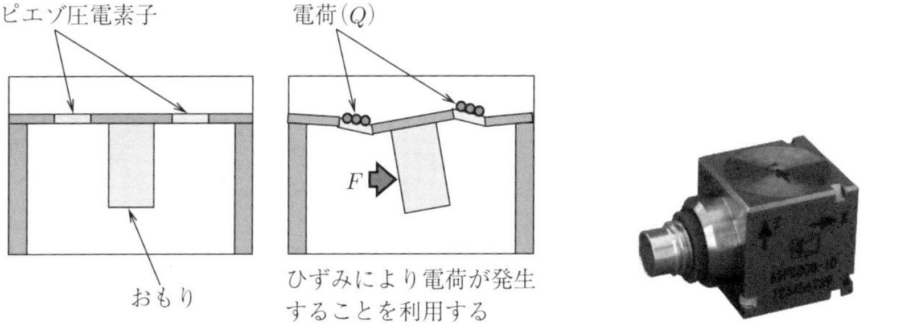

（a） 構 造

（b） 外 観(写真提供：株式会社共和電業，ASPC-A-300-ID)

図 *2.15* 圧電形加速度センサ

2.6.3 静電容量形加速度センサ

図 **2.16** に静電容量形加速度センサの構造と外観を示す。静電容量形加速度センサはダイヤフラムに配置された可動電極と，ケース部分に配置された固定電極から構成されており，おもりの動きにより電極の間隔が変化し，静電容量が変化することを利用している。このため，抵抗形と同様に重力加速度の測定も可能である。通常はセンサ内に容量変化から電圧変化に変換する回路が内蔵されている。また，近年では A-D 変換が内蔵され，シリアル通信でマイコンなどに接続できるタイプのものも多く発売されている。静電容量形の測定範囲は $100\,\mathrm{m/s^2}$ 程度，周波数は DC～数百 Hz 程度までのものが多く，ピエゾ抵抗形に生じるような温度による特性変化が少ないため，近年では抵抗形よりも多く発売されている。抵抗形と同様に MEMS 技術により小型化され価格も安いため，抵抗形と同様にスマートフォンや万歩計，ゲーム機，車のエアバッグなどに利用されている。

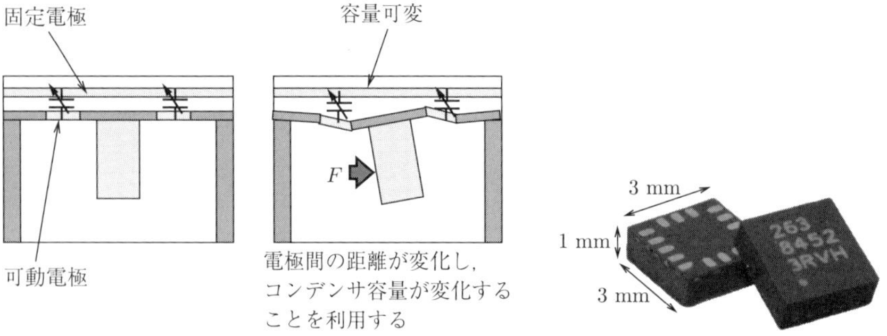

（a） 構　造

（b） 外　観(写真提供：NXP セミコンダクタージャパン株式会社，MMA845xQ)

図 **2.16**　静電容量形加速度センサ

コーヒーブレイク

加速度センサの医療・福祉分野での応用

加速度センサの利用として，近年では医療，福祉，安全対策などで，人の姿勢や動きを計測する用途でも多く用いられている。特にフィットネス分野では，加速度センサの波形から，消費カロリーの推定や歩行距離，階段の上り回数，睡眠の状態などの推定を行い，スマートフォンのアプリに表示する製品も発売されている[†1]。

また，安全対策の分野では加速度センサとジャイロセンサを組み合わせ，急斜面での作業者の滑落や転倒時にエアバッグを膨らませて衝撃を吸収する装置も発売されている[†2]。

さらに，上記の技術を応用し，高齢者用のエアバッグの開発など福祉分野での応用も進んでいる。

このように，今後さまざまな分野で加速度センサの利用領域が広がっていくと考えられる。

演　習　問　題

【1】 ホトダイオードと CdS センサの利点と欠点を述べよ。

【2】 25℃のときの抵抗が 10 kΩ のサーミスタで，50℃の温度を測定したとき，抵抗値はいくらになるか計算せよ。ただしサーミスタの B 定数を 3 380 K とする。

【3】 白金温度計で 50℃の温度を測定したとき，抵抗値はいくらになるか計算せよ。

【4】 圧力センサを用いて，高度計をつくりたい。どのタイプの気圧センサを採用すればよいか。

【5】 加速度センサを用いて，坂道の傾斜を測定する装置をつくりたい。どのタイプの加速度センサを採用すればよいか。

†1 ［fitbit］https://www.fitbit.com/（2021 年 1 月現在）
†2 ［人体用エアバッグ，株式会社プロップ］https://www.prop-g.co.jp/productintroduction/airbag-2（2021 年 1 月現在）

3

電圧・電流・電力の測定

人間が測定を行う場合，指示計器やオシロスコープは直感的であり現在においても重要な役割を担っている。本章では基本的な電気計器の原理や取扱い法について述べる。

3.1　アナログ指示計器

3.1.1　指示計器とは

測定対象を定量的に評価するためにはまず，測定値を電気量へ変換する。**指示計器**（indicating meter）は，測定された電気量を物理現象（磁界中の電流にはたらく力，電界中の電荷にはたらく力，ジュール熱による膨張や熱起電力など）を利用して，力学量（駆動トルク）に変換して指示する計器である。指示値は慣性を有した力学量であり，時間平均値となる。長所と短所は以下の通りである。

長所

- 測定量を針の振れに変換してそのまま指示するので，直感的にわかりやすい。
- 一定期間の平均的な値を示すので，雑音や量子化（エリアシングの影響など）にともなう計測上の誤りが少ない。

短所

- 慣性を有する機械的な計測のため，応答速度が遅い。
- 人的な読取りのため，自動計測やコンピュータによる計測には不向きである。

3.1.2 指示計器の構成と動作

指示計器として最も広く用いられている**可動コイル形指示計器**（moving-coil meter）に関して，動作と一般的な特性を説明する。**図 *3.1***（a）に可動コイル形電流計の構造を示す。磁石と固定鉄心からなる磁気回路が構成されて，磁界が生成される。可動コイルは軟鉄の**可動鉄心**（moving core）に巻かれ，磁界中に置かれている。可動コイル形電流計では，**駆動トルク**（driving torque）を磁界中の可動コイルに流れる電流にはたらく力を利用して発生させる。この駆動トルクが渦巻ばねによる**制御トルク**（controlling torque）とつり合った際の指針の位置から測定量（電流値）を求める。図（b）は，可動コイルを示したものである。コイルの縦の辺の長さを b，コイルの巻数を N，電流を i とする。

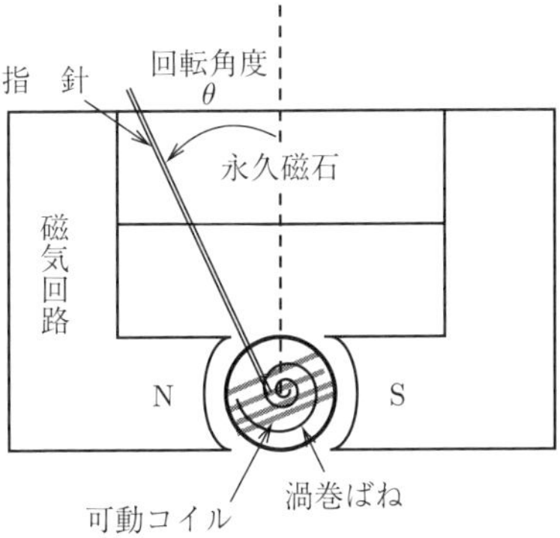

（a）構　造

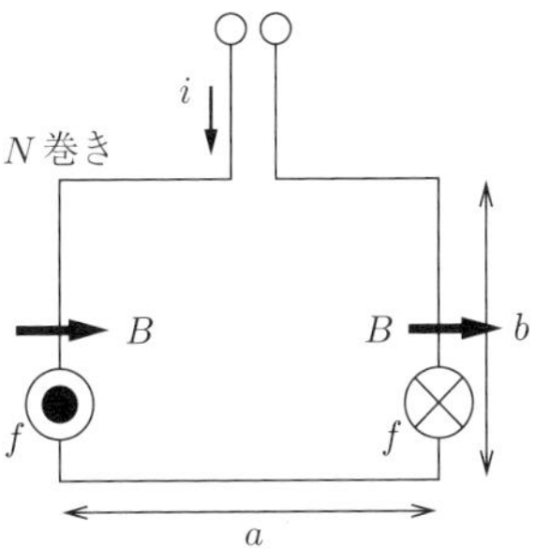

（b）動作原理

図 *3.1*　可動コイル形電流計

磁束密度 B が一様かつ，コイル面に対して平行ならば，力 F が発生する。

$$F = NbBi \tag{3.1}$$

縦 2 辺にはそれぞれ逆向きの力 F が発生することから，コイルは回転しようとする。その駆動トルク T は次式で与えられる。

$$T = F \times \frac{a}{2} \times 2 = NabBi = NSBi \tag{3.2}$$

ここで S $(= a \times b)$ はコイルの面積である。一方，制御トルクは，渦巻ばねの弾性係数を c，回転角度 θ とすると，$c\theta$ で与えられる。駆動トルクと制御トルクがつり合う条件から，回転角度 θ は次式で与えられる。

$$\theta = \frac{NSBi}{c} \tag{3.3}$$

一般に，コイルの巻数が多いほど指針の振れを大きくできることから高感度である。

電流 i の値が時間とともに変化する場合には，動きを維持する慣性と指針の振動を防ぐ制動トルクが渦巻ばねによる制御トルクとともに作用して，駆動トルクとつり合う。このとき，コイルの運動方程式は次式で示される。

$$I\frac{d^2\theta}{dt^2} + \gamma\frac{d\theta}{dt} + c\theta = T \tag{3.4}$$

ここで，I は回転部分の慣性能率，γ は空気とコイルの摩擦その他による制動作用を表す係数である。制動率 $\delta \equiv \gamma/(2I)$ と固有角周波数 $\omega_0 \equiv \sqrt{c/I}$ を用いて式を書き直すと次式で示される。

$$\frac{d^2\theta}{dt^2} + 2\delta\frac{d\theta}{dt} + \omega_0^2\theta = \frac{T}{I} \tag{3.5}$$

ここで，ステップ状の入力電流に対して，指針が最終的に θ_0 の値で制止する場合を考える。指針の位置を $\theta_t(t) = \theta - \theta_0$ と置くと次式が成立する。

$$\frac{d^2\theta_t}{dt^2} + 2\delta\frac{d\theta_t}{dt} + \omega_0^2\theta_t = 0 \tag{3.6}$$

$t = 0$ で $\theta = 0$，$d\theta/dt = 0$ とし，一般解を $\theta_t = e^{pt}$ と置くと次式が成立する。

$$p^2 + 2\delta p + \omega_0^2 = 0 \tag{3.7}$$

この解を p_1，p_2 とすれば，$\theta_t(t)$ は次式で与えられる。

$$\theta_t(t) = a_1 e^{p_1 t} + a_2 e^{p_2 t} \qquad (a_1,\ a_2 \text{ は定数}) \tag{3.8}$$

ステップ入力に対する指針の位置 θ を図 **3.2** に模式的に示す。p_1，p_2 がともに複素数ならば振動的（$\delta/\omega_0 < 1$），$p_1 = p_2$ ならば臨界的（$\delta/\omega_0 = 1$），実数ならば指数的（$\delta/\omega_0 > 1$）に θ_0 へ漸近する。なお，指示計器は応答速度を確保するために，一般的にはやや振動的（$\delta/\omega_0 = 0.8$〜1）になるように設計されている。

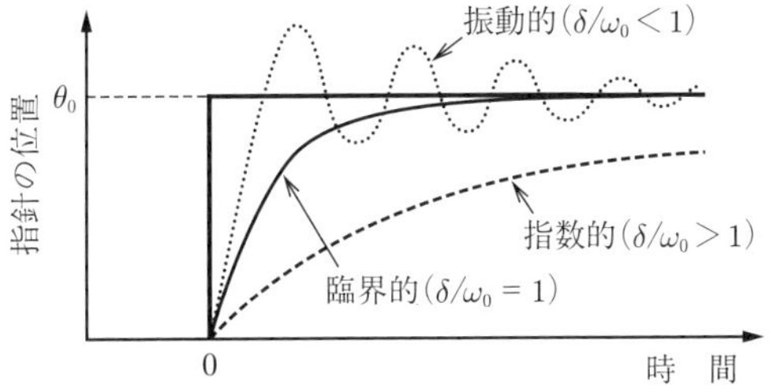

図 **3.2**　可動コイル形電流計のステップ応答

3.1.3　おもな指示計器とその用法

表 **3.1** におもな指示計器の原理と特徴をまとめる。測定量の種類や特性に応じて適した指示計器を使用することが重要である。また，指示計器の例を図 **3.3** に示す。指示計器の目盛板には指針と測定目盛のほかに，機器の構成，測定量，設置方法，階級などの記号が記されている。階級は最大目盛に対する百分率で示した器差である。数字が小さいほど器差が小さい。例えば，1.0 級の電圧計では最大目盛が 10 V であれば最大 ±100 mV の誤差が発生する。指示計器に記される記号の例を表 **3.2** に示す。測定に際しては設置方法を守り，視差などによる人的な読取り誤差を低減する必要がある。

表 3.1　おもな指示計器の原理と特徴

種　類	動作原理	おもな装置	特　徴
可動コイル形	可動コイルを流れる電流が一様な磁界から受ける電磁力を利用する。直流値が得られる。	直流電流計・電圧計	高感度かつ高精度である。
可動鉄片形	固定コイル電流による磁束中に置かれた鉄片の斥力・引力を利用する。変位が小さい範囲では電流の二乗に比例した値が得られる。	交流電流計・電圧計	高周波では渦電流やヒステリシスの影響を受ける。
電流力計形	固定コイルと可動コイルを流れる電流間に発生する電磁力を利用する。二つの電流（瞬時値）の積の平均値が得られる。	直流および交流電流計・電圧計・電力計	交流誤差が小さく，優れた乗算器である。
熱電形	真空中の抵抗で発生する熱を熱電対で熱起電力電圧に変換し，可動コイル形計器で計測する。実効値が得られる。	直流および交流電流計・電圧計・交流電力計	インダクタンス成分が小さく，高周波特性は良好である。
誘導形	電流による回転磁界または移動磁界と，それにより生じる可動金属板上の渦電流との間の電磁力を利用して導体を回転させる。	交流電流計・電圧計・電力計	積算が必要な測定に適する。
静電形	電極間に作用する静電力（静電吸引力）を利用し，電圧値を得る。	直流および交流電圧計	高電圧の測定に適する。

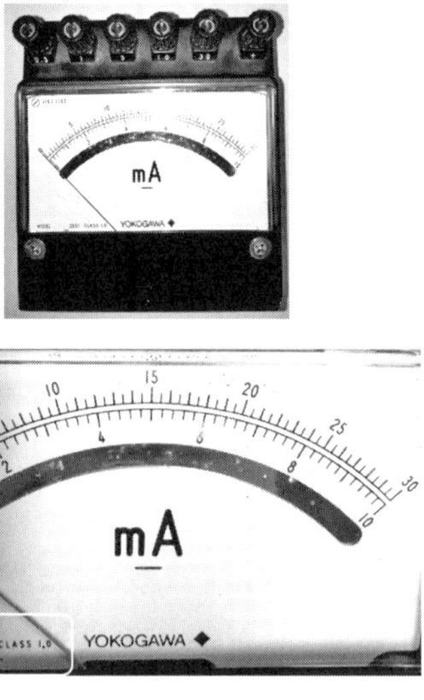

図 3.3　指示計器の例

表 **3.2**　指示計器に示される記号の例

構　造	 可動コイル形	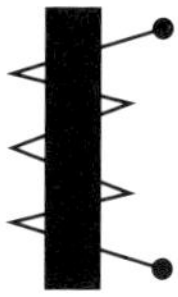 可動鉄片形	 整流器形 （絶対値平均など）
設置方法	 垂直に立てて使用	 水平に置いて使用	
計測量	V：電圧計 A：電流計 Ω：抵抗計 Wh：電力量計	N：回転計 θ：温度計 L：照度計	ϕ：磁束計 W：電力計 f：周波数計

3.2　直　流　計　測

3.2.1　電圧・電流の計測

電圧・電流の**直流計測**（direct current measurement）において，指示計器が内部抵抗をもち，この内部抵抗による負荷効果によって**系統誤差**（systematic error）が発生する点に注意する。

まず，直流電流の計測について考える。**図 *3.4*** に直流電流の測定の様子を示す。直流電源と抵抗からなる回路において，端子 a–b 間を流れる電流を測定するために，図（b）のように電流計を挿入する。テブナンの定理によれば，直流電源と抵抗からなる任意の回路は，図（c）のように電圧源 E と等価内部抵抗 R_S の直流回路として示すことができる。一方，電流計は内部抵抗をもつことから，図（d）に示すように，内部抵抗が 0 の理想的な電流計と内部抵抗 R_I の直列等価回路として表すことができる。図（c）より測定電流は $I = E/R_S$ で与えられるが，実際の電流計の指示値 I_m は図（d）の等価回路より求めら

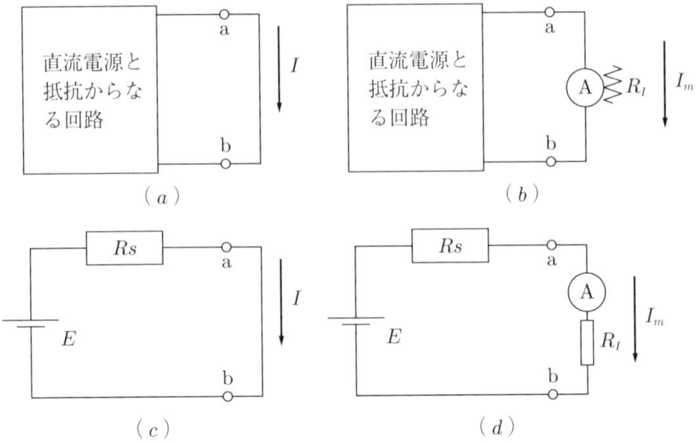

図 **3.4**　直流電流の測定

れる。

$$I_m = \frac{E}{R_S + R_I} = \frac{R_S}{R_S + R_I} I \tag{3.9}$$

したがって，測定される電流 I_m は，I に比べて必ず小さく，次式に示す系統誤差 $\Delta I/I$ を含んでいる。

$$\frac{\Delta I}{I} = \frac{I_m - I}{I} = \frac{-R_I}{R_S + R_I} \tag{3.10}$$

つぎに直流電圧の計測について考える。指示計器の例として説明した可動コイル形指示計器は，本質的には直流の電流計であることから，これを電圧計として使用する場合には，指示計器に直列に高抵抗を接続した基本構成をとる。直流電圧の測定の様子を**図 3.5** に示す。直流電源と抵抗からなる回路において，端子 a–b 間の電圧を測定するために，図（*b*）のように電圧計を挿入する。テブナンの定理によれば，直流電源と抵抗からなる任意の回路は，図（*c*）のように電圧源と等価内部抵抗の直流回路として示すことができる。実際の電圧計の指示値は，図（*d*）に示すように内部の電圧計の内部抵抗 R_V を流れる電流の積から求められる。

電源電圧の起電力を E，等価内部抵抗を R_S とすれば，図（*d*）より実際の電圧計の指示値は次式で与えられる。

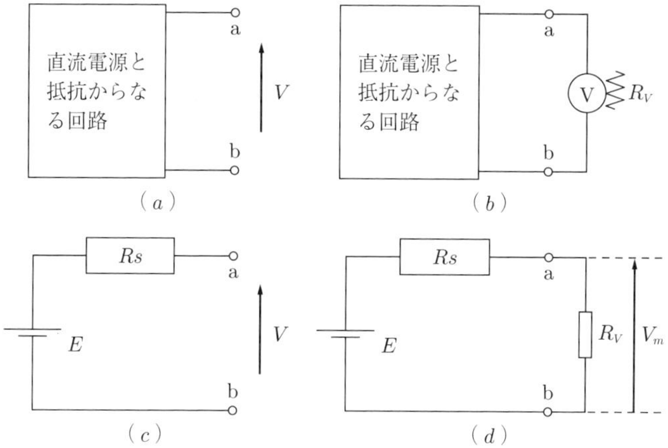

図 3.5　直流電圧の測定

$$V_m = \frac{R_V}{R_S + R_V}E \tag{3.11}$$

したがって，測定される R_V は，E に比べて必ず小さく，次式に示す系統誤差 $\Delta V/E$ を含んでいる。

$$\frac{\Delta V}{E} = \frac{V_m - E}{E} = \frac{-R_S}{R_S + R_V} \tag{3.12}$$

以上のように，直流電圧・電流の計測では内部抵抗による系統誤差を避けることができないため，測定値には系統誤差が含まれることにつねに注意する。

3.2.2　分流器と倍率器

指示計器の典型的な**最大目盛**（maximum scale）の値は，電流計としては 100 μA～100 mA，電圧計としては 1 mV～0.1 V 程度である。指示計器自体は範囲を限定したほうが設計や製作が容易であることから，計器の最大目盛から電圧および電流の測定範囲を広げる方法について述べる。

電圧計の測定範囲を広げるためには，**図 3.6** に示すように指示計器に直列に抵抗を挿入する**倍率器**（instrument multiplier）による電圧計を構成する。このとき，抵抗の値 R は，所望の電圧値で最大目盛を指すように設定する。指示計器がもつ最大目盛電圧 v_{MAX} に対して倍率器によって設定される最大目盛電

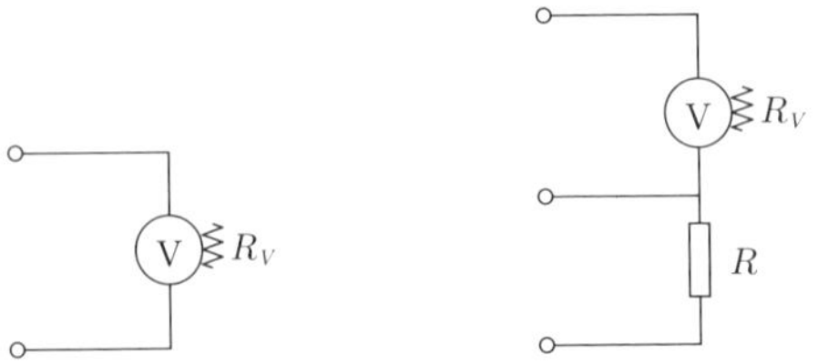

（a）　電圧計　　　　（b）　倍率器

図 **3.6**　電圧計と倍率器の構成

圧 V_{MAX} は次式で与えられる。

$$V_{\mathrm{MAX}} = \frac{R + R_V}{R_V} v_{\mathrm{MAX}} = \left(\frac{R}{R_V} + 1 \right) v_{\mathrm{MAX}} \tag{3.13}$$

値の異なる抵抗を用意して倍率器を切り替えれば，測定範囲（レンジ）を選択することができる。

一方，電流の測定範囲を広げる場合には，図 **3.7** に示すように抵抗を指示計器に並列に挿入する**分流器**（instrument shunt）により電流計を構成する。並列抵抗の値を R，電流計の内部抵抗を R_I とすると，指示計器がもつ最大目盛 i_{MAX} に対して倍増器によって設定される最大電流目盛 I_{MAX} は，次式で与えられる。

$$I_{\mathrm{MAX}} = \frac{1/R + 1/R_I}{1/R_I} i_{\mathrm{MAX}} = \left(\frac{R_I}{R} + 1 \right) i_{\mathrm{MAX}} \tag{3.14}$$

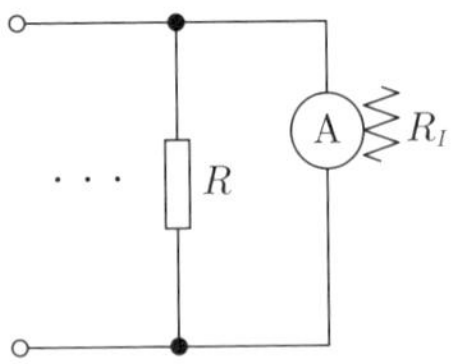

図 **3.7**　分流器

倍率器においては，抵抗の値 R に比例して最大電圧目盛を設定できるが，分流器においては反比例の関係となるため，連続的な目盛の切替えが困難である。そこで図 **3.8** に示す万能分流器が用いられる。

万能分流器では抵抗 R にタップ端子 b2 を設けて分流を行う。a–b2 間の抵抗

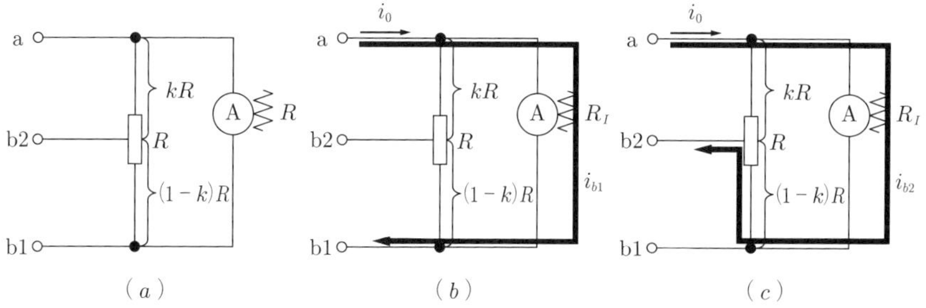

図 **3.8**　万能分流器

を kR とする。端子 a，b1 を使用した場合の電流の分流比は，図（b）より次式で求められる。

$$\frac{i_{b1}}{i_0} = \frac{1/R_I}{1/R + 1/R_I} = \frac{R}{R_I + R} \tag{3.15}$$

一方，a，b2 を使用した場合の電流の分流比は，図（c）より次式で求められる。

$$\begin{aligned}\frac{i_{b2}}{i_0} &= \frac{1/\{(1-k)R + R_I\}}{1/kR + 1/\{(1-k)R + R_I\}} \\ &= \frac{kR}{\{(1-k)R + R_I\} + kR} = \frac{kR}{R_I + R}\end{aligned} \tag{3.16}$$

これらの式から，電流比はつぎのように求められる。

$$i_{b2} : i_{b1} = 1 : k \tag{3.17}$$

この結果，抵抗 R のタップの位置により，測定レンジを切り替えることができる。

3.3　電圧・電流の指示値

3.3.1　電圧・電流の大きさの表現方法

指示計器で時間的に変化する交流の電圧・電流の指示値を表示する際には，電気的な特性を考慮して，どの種類の指示値を得るかを決めることが重要である。時間的に変化する電流 $i(t)$ の大きさを表現する方法を**図 3.9** に示す。

図（a）の波形の**瞬時値**（instantaneous value）は，後述するオシロスコー

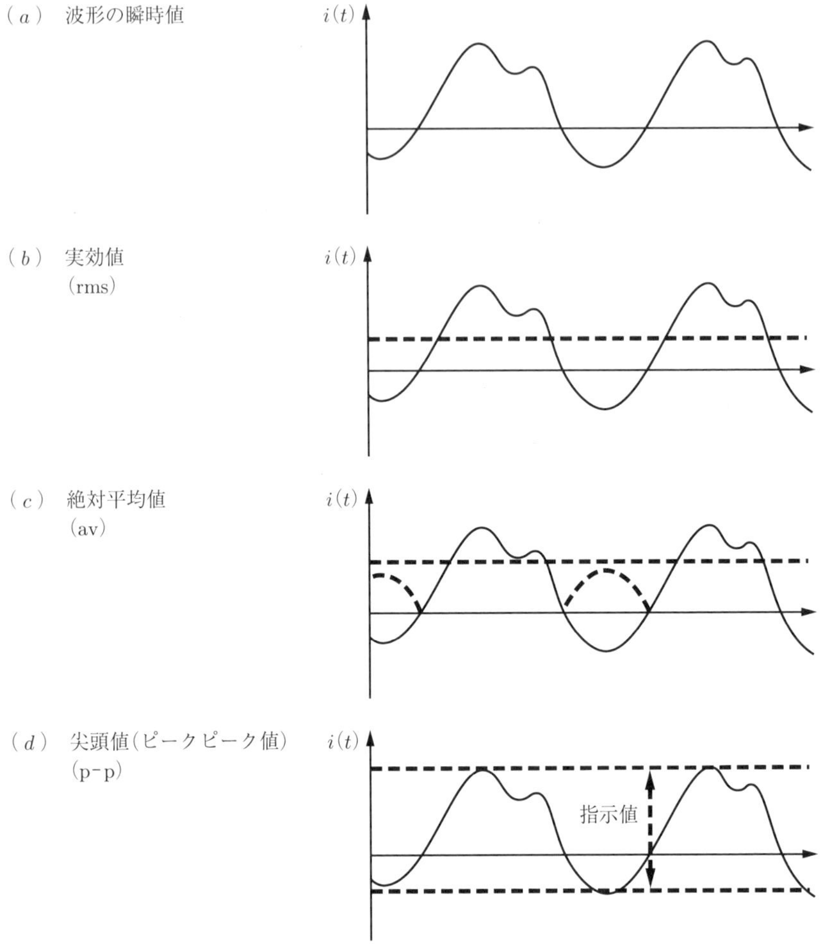

図 ***3.9***　電圧電流測定値の表し方

プなどの電子計測により測定される。図（*b*）の**実効値**（root mean squared value）は計測対象に可動鉄片形指示計器を直接接続することで測定できる。図（*c*）の**絶対平均値**（absolute average value）と図（*d*）の**尖頭値**（peak-to-peak value，**ピークピーク値**）は，指示計器の入力部分に**図 *3.10*** に示すような回路素子を接続して，あらかじめ指示すべき値を求めて指示計器に入力して値を表示する。絶対平均値は，図（*a*）に示すダイオードブリッジにより信号を**全波**

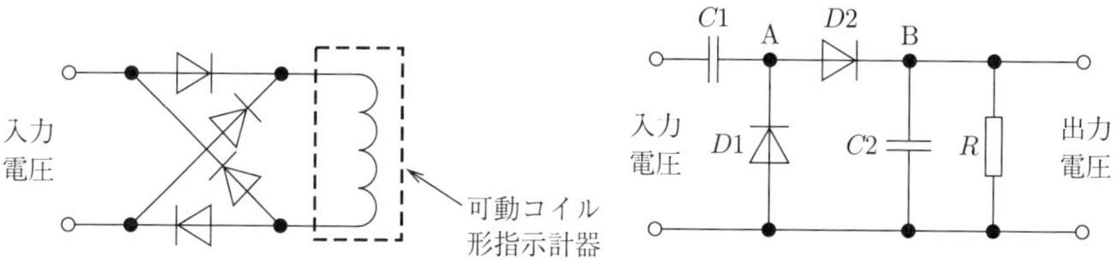

（a）　ダイオードブリッジ　　　（b）　ピークホールド回路

図 **3.10**　指示値を得るための回路例

整流（full-wave rectification）して平均値を求める。尖頭値は，図（b）に示すピークホールド回路により求める。ピークホールド回路では，まず，コンデンサ $C1$ により交流成分を検出して，ダイオード $D1$ により点 A での入力電圧の最小値がほぼ 0 V になるように入力電圧を移動する。つぎにダイオード $D2$ により整流し，コンデンサ $C2$ と抵抗 R により平滑化して最大値を出力として得る。

参考までに振幅 A の正弦波が入力された場合の指示計器の指示値を**表 3.3** に示す。多くの指示計器の目盛は，正弦波の交流を与えたときにその実効値を正しく指示するように設定してある。このため，のこぎり波やパルス波などの正弦波以外の交流信号を測定した場合には，誤差が生じる点に注意する。

表 **3.3**　正弦波 $A\sin(\omega t + f)$ に対する計器の指示値

指示値	算出法	正弦波に対する指示値
実効値	$(\mathrm{rms}) = \sqrt{\dfrac{1}{T}\displaystyle\int_0^T i(t)^2 dt}$	$A/\sqrt{2}\,(0.707\mathrm{A})$
絶対平均値	$(\mathrm{av}) = \dfrac{1}{T}\sqrt{\displaystyle\int_0^T \lvert i(t)dt\rvert}$	$2A/\pi\,(0.637\mathrm{A})$
尖頭値	$(\text{p-p}) = \lvert i_{\mathrm{MAX}}(t) - i_{\mathrm{MIN}}(t)\rvert$	$2A$

3.3.2　電　子　計　測

直流の電圧計，電流計のほとんどは可動コイル形の指示計器が大半を占めていたが，近年ではディジタル表示の**電子電圧計**（digital voltmeter，ディジタル

ボルトメータ）が多く使われるようになってきている。電子電圧計の構成例を**図 3.11** に示す。入力信号を演算増幅器で増幅した後，A-D 変換器でディジタル信号に変換する。ロジック回路にて演算後に LED や LCD などに測定結果を表示する。また，直流電圧・電流値，交流電圧・電流値，抵抗値などを測定できるように一体化したものを**ディジタルマルチメータ**（digital multi-meter）という。これらの電子計測機器の多くはコンピュータと接続できることから，測定後の信号処理が容易である。

図 *3.11*　電子電圧計の構成例

3.3.3 波 形 の 測 定

波形の瞬時値の測定は，時間変動する電気信号を時間の関数として計測して表示する**オシロスコープ**（oscilloscope）などの電子計測により行われる。**図 3.12** により，古くから広く用いられているブラウン管オシロスコープの動作原理を説明する。ブラウン管の蛍光面に電子銃から出力された電子線が到達すると発光して輝点を生成する。電子線の経路には水平方向と垂直方向の偏向電極が設けられており，この電界の作用により電子線の方向が変えられる。水平軸の方向に一定の速度で変化する時間信号を入力し，垂直軸の方向に電気信号を

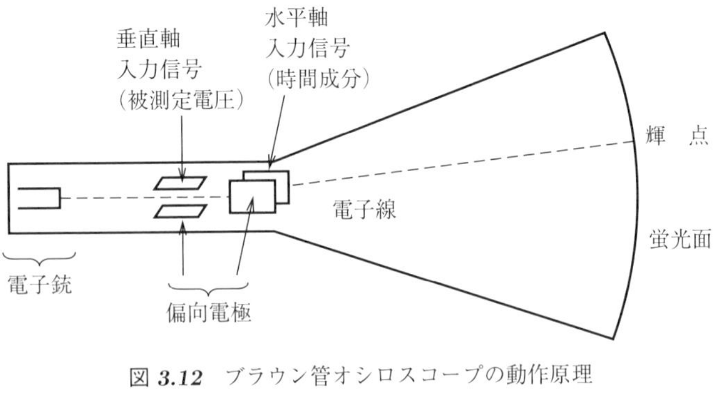

図 *3.12*　ブラウン管オシロスコープの動作原理

入力すると輝点の位置が時間とともに変化することから，瞬時値の変化が波形として表示される。入力電圧が周期的な波形であれば，描画開始の電圧を**トリガ**（trigger）により決めることで，掃引によりつねに同じタイミングで波形が描画される。

近年では，ブラウン管に直接描画するアナログ方式から，A-D 変換回路を介して入力信号をディジタル変換し，LCD などに表示するディジタル方式のディジタルオシロスコープやサンプリングオシロスコープが用いられる。

3.4 電 力 の 測 定

3.4.1 電 力 の 定 義

電力は，電圧と電流の積として定義される。したがって，直流電力は，電圧計と電流計の読みの積から求められる。一方，交流電力は動作量を用いて評価される。交流動作量の定義と算出法を**表 *3.4*** に示す。ここでは電圧 $v(t)$ と電流

表 *3.4* 交流電力の動作量

動作量	定　義	算出法
瞬時電力	各時間における電圧と電流の積	$p(t) = v(t)i(t)$
平均電力	瞬時電力をある時間にわたって平均した電力	$P = \frac{1}{T}\int_0^T p(t)dt$
正弦波交流回路における有効電力	電圧と電流の実効値を $V \equiv V_o/\sqrt{2}, I \equiv I_o/\sqrt{2}$ とした平均電力	$P = \frac{1}{T}\int_0^T p(t)dt = \frac{V_oI_o}{2}\cos\theta = VI\cos\theta$
無効電力	仕事をしない電力	$P_r = VI\sin\theta$
皮相電力	有効電力と無効電力をベクトル的に足した見かけ上の電力	VI
力　率	皮相電力のうちの有効電力の割合	$\cos\theta$
電力量	観測時間内（T_o）に供給された総エネルギー	$W = PT_o$

$i(t)$ を次式で与えている。

$$v(t) = V_o \sin(\omega t) \tag{3.18}$$

$$i(t) = I_o \sin(\omega t + \theta) \tag{3.19}$$

3.4.2 平均（有効）電力の計測

交流電力のうち，エネルギーとして有効なものは**有効電力**（effective electric power）である。これを測定するうえで必要なことは電圧と電流に相当する量の積をつくり平均することと，測定結果を必要に応じて積分することである。

平均電力を求めるための指示計器としては，**電流力計形電力計**（electrodynamic electric power meter）が広く用いられる。図 **3.13** にその構成を示す。固定コイルに負荷電流，可動コイルに電圧に比例する電流を流すと，可動部分に対して両者の積に比例するトルクが発生する。磁気回路を使って可動コイル付近の磁界をほぼ一様にすると，駆動トルク T の時間平均は，固定コイルと可動コイルに流れる電流をそれぞれ i_1，i_2，位相角を ϕ とすると $T = \overline{i_1}\,\overline{i_2}\cos\phi$ となる。一方，制御トルクは，可動コイル形電流計の場合と同様に，渦巻ばねの弾性係数を c，回転角度を θ とすると，$c\theta$ で与えられ，駆動トルクと制御トルクがつり合う場合に回転角度 θ は次式で与えられる。

$$\theta = \frac{T}{c} \propto \overline{i_1}\,\overline{i_2}\cos\phi \tag{3.20}$$

したがって，i_2 を電源電圧 v に比例するように設定すれば，平均電力が測定できる。

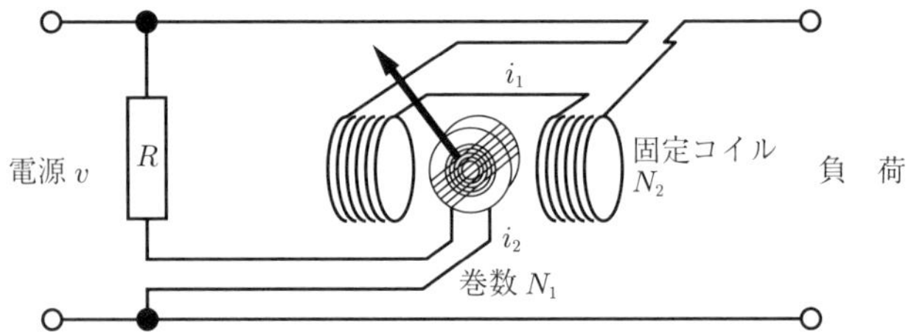

図 **3.13**　電流力計形電力計

電力量（electric potential energy）のような長時間にわたる積算が必要な計測においては，可動部分が繰り返し回り続けられる構成にする。電力量を求めるための指示計器としては**誘導形指示計器**（inductive electric power meter）が用いられる。電流力計形電力計と同等の固定コイルを2組設け，位相が90°になるように配置して回転磁界を発生させる。磁界の金属の回転速度を瞬時電力に比例させ，回転数を測定することで電力量を表示する。

演　習　問　題

【1】 可動コイル形指示計器の動作を説明せよ。

【2】 階級0.5級，最大定格10 mAの電流計の最大誤差はいくつか。

【3】 最大定格1 mAの電流計に1 mAを流したときの端子間電圧が90 mVである。
(1) 電流計の内部抵抗はいくつか。
(2) 最大定格10 mAと40 mAの電流計を図 ***3.8*** に示した万能分流器を用いて構成する。このときの抵抗器の抵抗値 R と分流比の値 k を求めなさい。

【4】 正弦波の実効値を指示値とする計器において，振幅1 Vの方形波を測定した場合の指示値はいくつか。

4

回路素子定数の測定

受動素子である抵抗 R，コンデンサ C，インダクタンス L は電気電子回路設計において重要な役割を果たしている。ここでは直流における抵抗測定，交流におけるインピーダンス測定をテーマに，その測定原理を解説する。実際の測定にあたっては，つねに使用する周波数を勘案するとともに，測定環境を押さえておく必要がある。完全な導体や完全な誘電体は存在せず，どんな媒質も導体的性質と誘電体的性質をあわせもっている。その意味から，すべての受動素子は周波数特性を有するといえる。また，素子は大きさを有しており，測定周波数での波長に比べ，素子が十分に小さいときのみ集中定数化が可能となる点も指摘される。測定環境では，浮遊容量や浮遊インダクタンスの測定に及ぼす影響などをあらかじめ知っておく必要がある。本章では，抵抗 R，コンデンサ C，インダクタンス L 自体に周波数特性がなく，集中定数化して考えられる一般的な測定法を取り上げている。

4.1 抵抗の測定

4.1.1 電圧降下法による抵抗の測定

電圧計，電流計を用いる電圧降下法（voltage drop method）は，抵抗の測定に最も広く用いられている。抵抗を流れる電流 I〔A〕，その端子の電圧 V〔V〕を測定し，オームの法則から抵抗値 R_X〔Ω〕を

$$R_X = \frac{V}{I} \tag{4.1}$$

で求める方法である。V，I を測定するには，図 ***4.1***（a），（b）の 2 通りの接続法が考えられる。電圧計や電流計が理想的なものであれば，$V_a = V_b = V$，

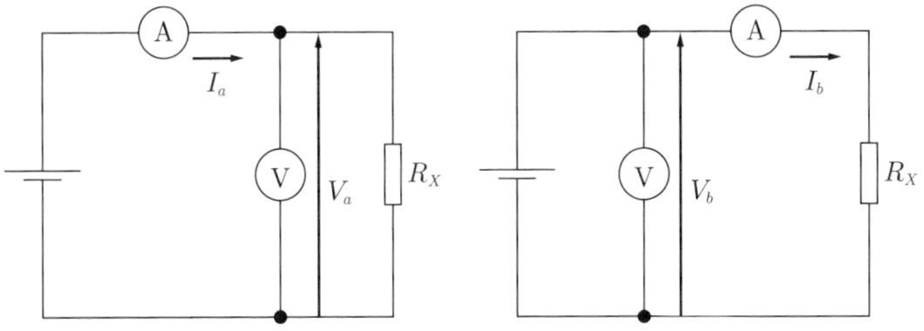

（a）　（b）

図 4.1　電圧降下法による抵抗測定

$I_a = I_b = I$ となり，図（a），（b）いずれのメータの接続法でも正しく R_X を測定できる。しかし，実際は**図 4.2**，**図 4.3** のように電流計や電圧計には内部抵抗が存在するので，これらを考慮しなければならない。**図 4.1**（a）の接続法を用いた場合の R_X を R_a，図（b）の接続法を用いた場合の R_X を R_b として表せば

$$R_a = \frac{V_a}{I_a} = \frac{r_v R_X}{r_v + R_X} \tag{4.2}$$

$$R_b = \frac{V_b}{I_b} = R_X + r_a \tag{4.3}$$

となる。ここで，r_v, r_a はそれぞれ電圧計の内部抵抗，電流計の内部抵抗を示している。図（a），（b）の測定における誤差率（相対誤差）の大きさ ε_a，ε_b は

$$\varepsilon_a = \left| \frac{R_a - R_X}{R_X} \right| = \frac{R_X}{r_v + R_X} \tag{4.4}$$

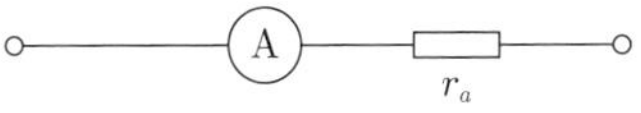

図 4.2　電流計の等価回路

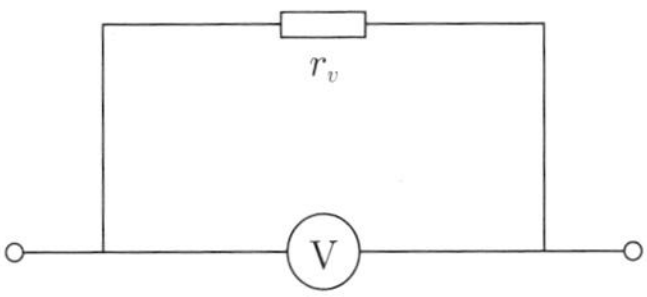

図 4.3　電圧計の等価回路

$$\varepsilon_b = \left| \frac{R_b - R_X}{R_X} \right| = \frac{r_a}{R_X} \tag{4.5}$$

である。

抵抗の測定にあたって，**図 4.1**（a），（b）のいずれの接続法がよいかは，ε_a，ε_b の大小関係で定まる（**図 4.4**）。一般に r_a は十分に小さく，r_v は十分に大きい。$R_X < \sqrt{r_v r_a}$ となる比較的小さい抵抗を測定するには $\varepsilon_a < \varepsilon_b$ を満足する図（a）の回路が，$R_X > \sqrt{r_v r_a}$ となる比較的大きい抵抗を測定するには $\varepsilon_a > \varepsilon_b$ を満足する図（b）の回路が適しているといえる。もちろん内部抵抗をあらかじめ正確に求め，補正することも可能である。

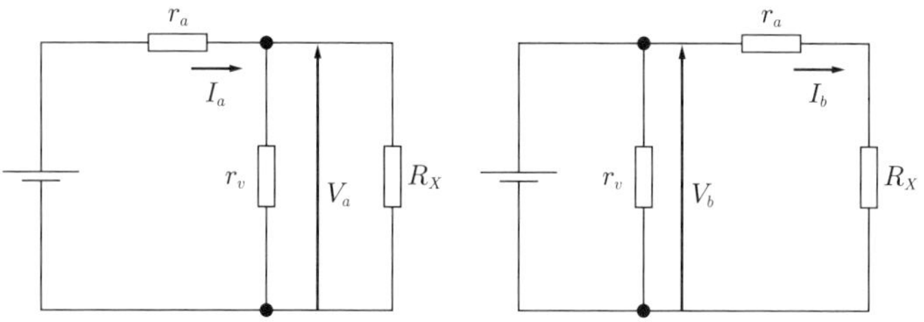

（a）　図 4.1（a）の等価回路　　（b）　図 4.1（b）の等価回路

図 4.4　メータの内部抵抗を考慮した回路

4.1.2　ホイートストンブリッジによる抵抗の測定

基本的な抵抗の測定法として，**ホイートストンブリッジ**（Wheatstone bridge）を用いる手法がある。このようなブリッジによる測定法は零位法であり，後述のインピーダンス測定やセンサを介した各種物理量の測定にその原理が用いられていることからも有用である。ホイートストンブリッジ回路を**図 4.5** に示す。図（a）および（b）をそれぞれ等価定電圧源回路に検流計Ⓖ（抵抗 R_g）が接続されている回路（**図 4.6**）で表現すると，**鳳テブナンの定理**（Thevenin's theorem）により容易に検流計Ⓖに流れる電流は計算できる。

検流計Ⓖに流れる電流は

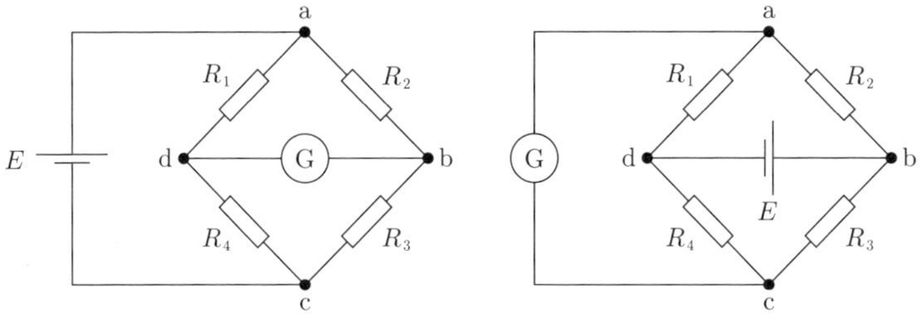

（*a*）　（*b*）

図 ***4.5***　ホイートストンブリッジ回路

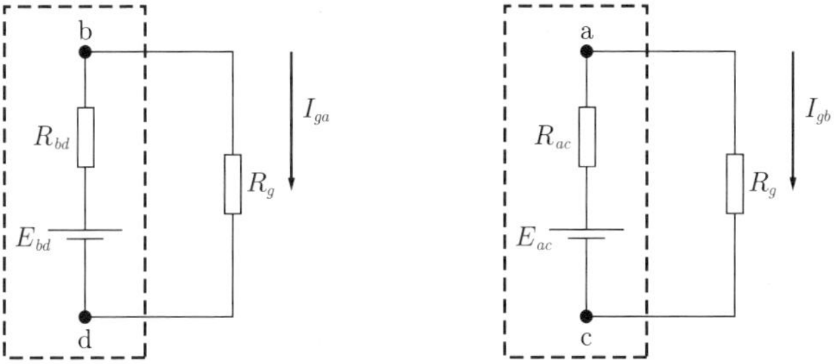

（*a*）　図 4.5(*a*)の等価回路　（*b*）　図 4.5(*b*)の等価回路

図 ***4.6***　ホイートストンブリッジ等価回路

$$I_{ga} = \frac{(R_1R_3 - R_2R_4)E}{K + R_g(R_2 + R_3)(R_4 + R_1)} \tag{4.6}$$

$$I_{gb} = \frac{(R_1R_3 - R_2R_4)E}{K + R_g(R_1 + R_2)(R_3 + R_4)} \tag{4.7}$$

ここで $K = R_1R_2R_3 + R_2R_3R_4 + R_3R_4R_1 + R_4R_1R_2$ となる。検流計に電流が流れない条件（**ブリッジの平衡条件**：balanced condition）は，両回路構成ともに

$$R_1R_3 = R_2R_4 \tag{4.8}$$

となる。$R_1 \sim R_4$ のうち一つが未知抵抗 R_X であっても，ほかのいずれかの抵抗を可変抵抗，残りを既知の固定抵抗として，ブリッジの平衡をとると，式(4.8)より R_X が測定できる。精度の高い測定を行うには，ブリッジ平衡のずれに

対して検流計を流れる電流が鋭敏に変化する状態，すなわち感度のよさを検討する必要がある。式 (4.6) と式 (4.7) を比較すれば，$(R_2 + R_3)(R_4 + R_1)$ と $(R_1 + R_2)(R_3 + R_4)$ で，その値が小さいほうの回路構成が望ましいことがわかる。

4.1.3 低抵抗の測定

低抵抗を測定する場合，リード線の抵抗や接触抵抗の影響を受けない工夫をする必要がある。

図 4.7（*a*），（*b*）に示す**二端子法**（two terminal method）による電圧降下法で R_X を測定する場合，かりに理想的な電圧計（内部抵抗 ∞）を用いたとしても，**接触抵抗**（contact resistance）R_c の影響が現れる。R_X に比べ R_c が大となれば，接触抵抗の影響しか測定されない。図（*c*），（*d*）のように電流端子対と電圧端子対を別に用意すると，R_X に流れる電流，R_X での電圧降下が測定

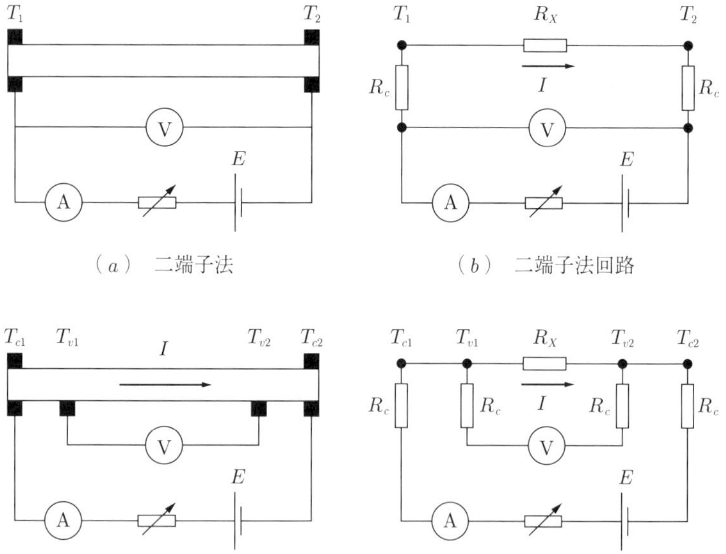

（*a*）　二端子法　　（*b*）　二端子法回路

（*c*）　四端子法　　（*d*）　四端子法回路

図 **4.7**　電流・電圧端子の分離

されるため，接触抵抗の影響を抑えることができる（**四端子法**：four terminal method）。電流端子対間に一定電流を流し，電圧端子対間の電圧測定に電位差計を用いて R_X を測定する方法もある。

低抵抗の測定にブリッジを用いることもできる。しかし，接触抵抗の影響を抑えるためには，電流電極対と電圧電極対の分離は不可欠である。そこで，ここでは**ケルビンのダブルブリッジ**（kelvin's double bridge）を紹介する。

図 4.8 中の R_X は未知抵抗，R_S は**標準抵抗**（standard resistance），P，Q，p，q は可変の比例辺抵抗であり，r は R_S と R_X を接続している抵抗である。P，Q，p，q および r には，リード線の抵抗や接触抵抗も含まれている。このブリッジの特徴的な点は，$P:Q=p:q$ の関係（$Q/P=q/p$）を保ったままで，抵抗を可変できる点である。ここで，図（b）の回路で p-q-r の Δ 結線の箇所を Y 結線で記述すると，**図 4.9** のように書き換えられる。

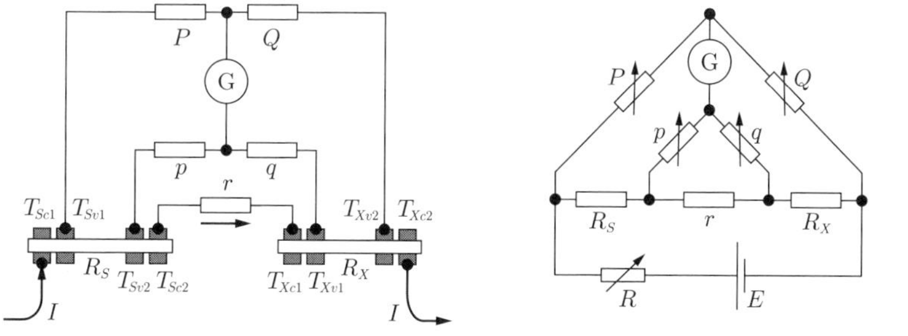

（a）ケルビンの原理　　（b）ケルビンのダブルブリッジ回路

図 4.8　ケルビンのダブルブリッジ

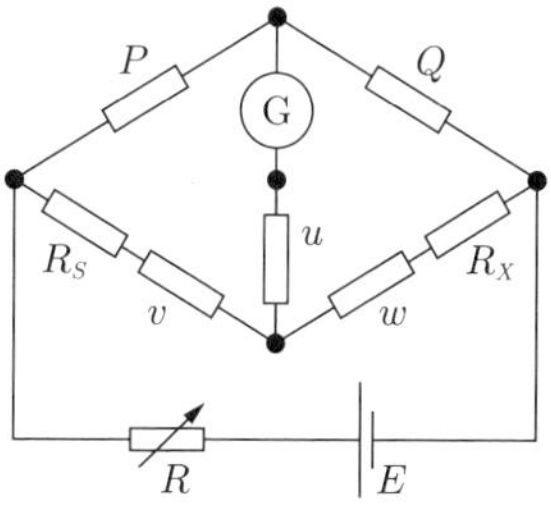

図 4.9　ケルビンのダブルブリッジ回路（等価回路）

ここで

$$v = \frac{pr}{p+q+r}, \quad w = \frac{qr}{p+q+r}$$

である。ブリッジの平衡条件は

$$P(R_X + w) = Q(R_S + v) \tag{4.9}$$

であり，R_X は

$$R_X = \frac{Q}{P}R_S + \frac{pr}{p+q+r}\left(\frac{Q}{P} - \frac{q}{p}\right) = \frac{Q}{P}R_S \tag{4.10}$$

となる。

4.1.4 高抵抗の測定

絶縁物など高抵抗を測定する場合，ブリッジなどの通常の測定器は使えず，加えて，測定試料の汚れや水分によって試料表面を流れる**漏れ電流**（leakage current）や**誘電体吸収**（dielectric absorption）の存在を考慮する必要がある。**図 4.10** は，絶縁材料試料を二つの電極で挟み，抵抗を測定する方法を示している。円環電極 G_1 とそれに対向するように円環電極 G_2，G_3 を同心上に配置し，G_2 と G_3 を等電位としている。このようにすることで，試料の表面に沿って G_1 から G_3 に流れる表面電流を防いでいる。この円環電極は**ガードリング**（guard ring）と呼ばれている。操作としては，まずスイッチ SW を a 側にして，先の測定で試料に帯電している電流を放電させ，続いてスイッチ SW を b 側にする。誘電体吸収のため，電圧を加えると電流は指数関数的に減少して一

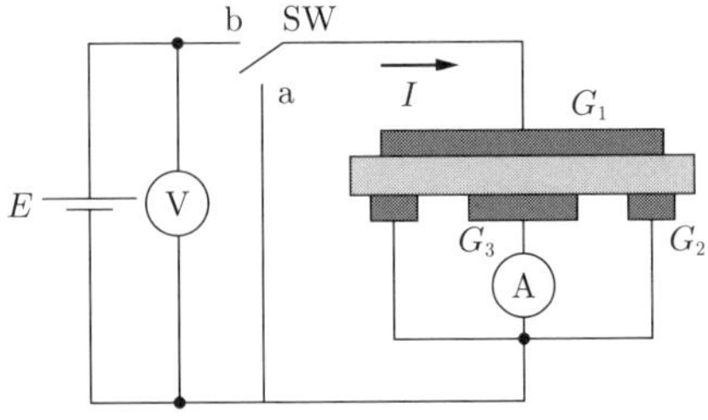

図 4.10　絶縁材料の抵抗測定

定値に落ち着く。その電流値を微小電流計で測定して，それをもとに抵抗を算出している。

標準コンデンサ（standard capacitor）C_S を未知抵抗 R_X に並列に接続して，電荷の放電過程を衝撃検流計で測定し，R_X を算出する**電荷損失法**（charge loss method）を紹介する（図 ***4.11***）。まずスイッチ SW1 を閉じてコンデンサを充電する。その後 SW1 を開き SW2 を閉じて R_X を介して放電させる。この放電過程の**過渡現象**（transient phenomena）は

$$Q = Q_0 e^{-\frac{1}{\tau}t} \tag{4.11}$$

ここで $\tau = C_S R_X$ で，Q_0 は SW2 を閉じた時点の電荷である。$t = t_S$ 秒後の電荷を Q_S とすれば

$$R_X = \frac{t_S}{C_S \ln\left(\dfrac{Q_0}{Q_S}\right)} = \frac{t_S}{2.303 C_S \log_{10}\left(\dfrac{Q_0}{Q_S}\right)} \tag{4.12}$$

として算出できる。

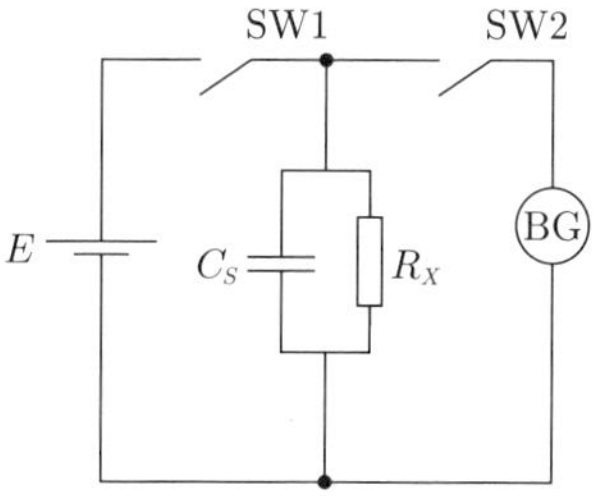

図 ***4.11***　電荷損失法

4.2　インピーダンスの測定

4.2.1　交流ブリッジを用いたインピーダンス測定

先に紹介した直流時のホイートストンブリッジと同様に，零位法でインピーダンスを測定する手法として**交流ブリッジ**（AC bridge）がある。

図 ***4.12*** のようにブリッジを組むと，検出器Ⓓの指示が 0 となる平衡条件は

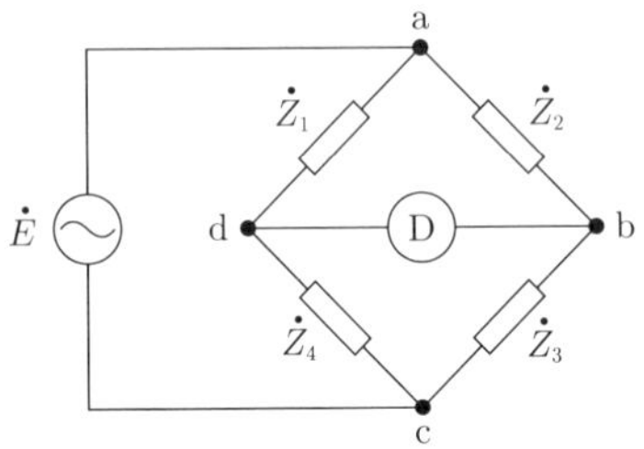

図 **4.12**　交流ブリッジの原理

$$\dot{Z}_1\dot{Z}_3 = \dot{Z}_2\dot{Z}_4 \tag{4.13}$$

となる。ただし，$\dot{Z}_1 \sim \dot{Z}_4$ は複素数なので，平衡条件は式 (4.13) の左辺と右辺の実数部と虚数部はともに等しくなければならない。

$$\dot{Z}_i = R_i + jX_i = Z_i\angle\theta_i \qquad (i = 1 \sim 4)$$

で示すとすれば

$$\begin{cases} R_1R_3 - X_1X_3 = R_2R_4 - X_2X_4 \\ R_1X_3 + R_3X_1 = R_2X_4 + R_4X_2 \end{cases} \tag{4.14}$$

あるいは

$$\begin{cases} Z_1Z_3 = Z_2Z_4 \\ \theta_1 + \theta_3 = \theta_2 + \theta_4 \end{cases} \tag{4.15}$$

が平衡条件であり，式 (4.14) あるいは式 (4.15) に示す二つの条件を満足する必要がある。一般的には制約条件を付け簡便化をはかる場合が多く，以下の二つのインピーダンス配置が広く用いられている。以後，図 **4.12** の $\dot{Z}_4$ を未知インピーダンス $\dot{Z}_X$ として考える。

〔**1**〕 **比形ブリッジ**　　例えば $\dot{Z}_1 = R_1$，$\dot{Z}_2 = R_2$ と抵抗として，$\dot{Z}_1/\dot{Z}_2$ を一定とする。かりに $\dot{Z}_X$ が容量性（リアクタンス成分が負）であれば，$\dot{Z}_3$ に容量性インピーダンスを，$\dot{Z}_X$ が誘導性（リアクタンス成分が正）であれば，$\dot{Z}_3$ に誘導性インピーダンスを配置するブリッジである。図 **4.13**（a）のインダクタンスブリッジ，図（b）の容量ブリッジがその代表である。

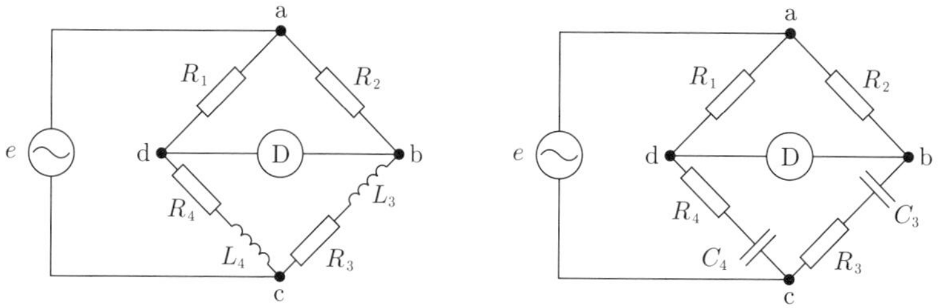

平衡条件：$R_1R_3 = R_2R_4$，$R_1L_3 = R_2L_4$
（a） インダクタンスブリッジ

平衡条件：$R_1R_3 = R_2R_4$，$R_1C_4 = R_2C_3$
（b） 容量ブリッジ

図 **4.13** 比形ブリッジ例

〔**2**〕 **積形ブリッジ**　　例えば，$\dot{Z}_1 = R_1$，$\dot{Z}_3 = R_3$ と抵抗として，$\dot{Z}_1\dot{Z}_3$ を一定とする。かりに $\dot{Z}_X$ が容量性であれば，$\dot{Z}_2$ に誘導性インピーダンスを，$\dot{Z}_X$ が誘導性であれば，$\dot{Z}_3$ に容量性インピーダンスを配置するブリッジである。

その代表例が**図 4.14**（a）のマクスウェルブリッジである。この場合，平衡条件は

$$R_1R_3 = R_2R_4, \quad C_2R_1R_3 = L_4 \tag{4.16}$$

となる。図（b）は $\dot{Z}_2$ に容量性インピーダンスを配置した別の例である。このとき平衡条件は

$$R_4 = \frac{\omega^2{C_2}^2R_1R_2R_3}{1+\omega^2{C_2}^2{R_2}^2}, \quad L_4 = \frac{C_2R_1R_2}{1+\omega^2{C_2}^2{R_2}^2} \tag{4.17}$$

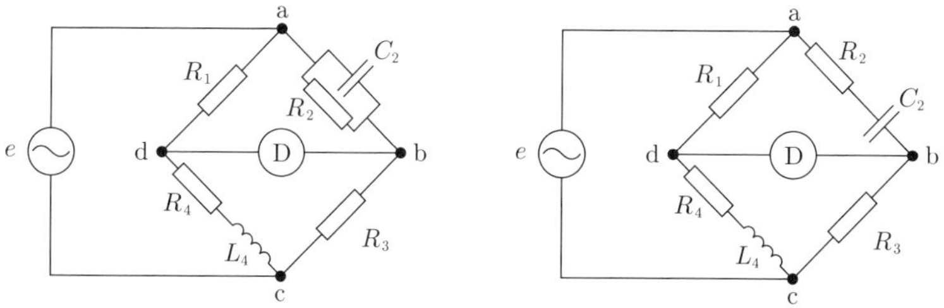

（a） マクスウェルブリッジ

（b） ほかの積形ブリッジ例

図 **4.14** 積形ブリッジ例

となる。図（a）と図（b）を比較すると原理面で優劣はないが，電圧源が単一周波数の正弦波とはいえず，高調波成分の混入が予想される場合，図（b）では平衡条件に角周波数 ω が含まれることから，基本波に対して平衡がとれたとしても，検出器に電流が流れてしまう。交流ブリッジでは，電源周波数が安定で低歪のものが望ましい。または検出器が基本波にしか応答しない工夫が必要となる。

さらに，周波数が高くなると，素子や測定器間の**浮遊容量**（stray capacitance）や**浮遊インダクタンス**（stray inductance）の影響が問題となる。最も影響が大きいのは，電源や検出器と大地間の**対地容量**（earth capacity）である。対地容量（$C_a \sim C_d$）が無視できない状態では，**図 *4.12*** の回路は**図 *4.15*** のように表され，$C_a \sim C_d$ の間に特定の関係がなければ平衡条件（式 (*4.13*)）も成立しない。こうした浮遊容量の問題を解決する有効な方法として，変圧器を利用した**変成器ブリッジ**（transformer bridge）や演算増幅器を利用した**アクティブブリッジ**（active bridge）がある。

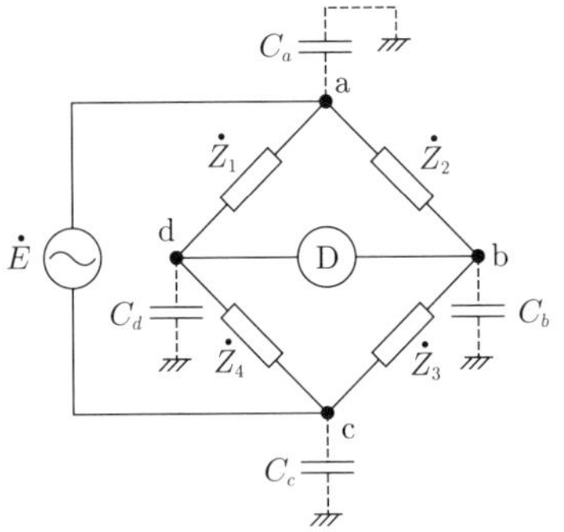

図 ***4.15***　対地容量の影響

図 *4.16* は変成器ブリッジの原理を示している。ここでは，交流ブリッジの四つのインピーダンスのうちの二つを変圧器に置き換えている。検出器Ⓓに流れる電流が 0（$\dot{I}_1 + \dot{I}_2 = 0$）となる平衡条件のもとでは

$$\begin{cases} \dot{Z}_1 \dot{I}_1 = \dot{E}_1 \\ \dot{Z}_2 \dot{I}_2 = \dot{E}_2 \end{cases} \qquad (4.18)$$

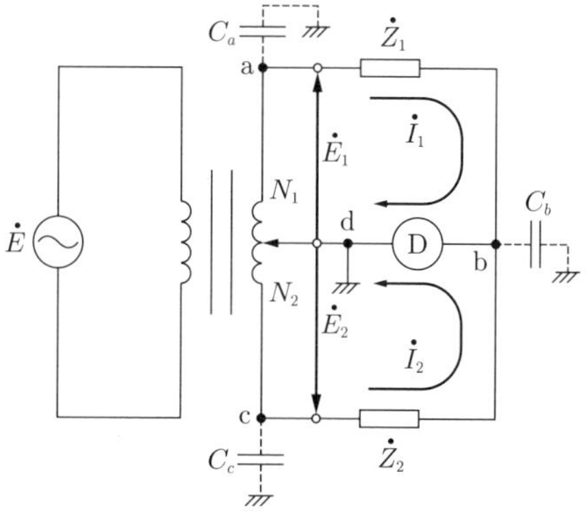

図 **4.16**　変成器ブリッジ

が成立する。$|\dot{E}_1|$, $|\dot{E}_2|$ はそれぞれのコイル部分の巻数比 $N_1 : N_2$ に比例することから

$$\frac{N_1}{N_2} = \frac{\dot{Z}_1}{\dot{Z}_2} \tag{4.19}$$

が得られる。

このように $\dot{Z}_1$ と $\dot{Z}_2$ の関係は浮遊容量の影響を受けず，変圧器の巻数比のみで決まる。$\dot{Z}_1$ か $\dot{Z}_2$ のいずれかを既知インピーダンスとすれば，未知インピーダンスを測定できる。変圧器に代わって演算増幅器（オペアンプ）を用いたのがアクティブブリッジである。簡便で，広い周波数範囲にわたり高精度のインピーダンス測定が可能である。その原理を図 **4.17** に示す。この方式は電子化

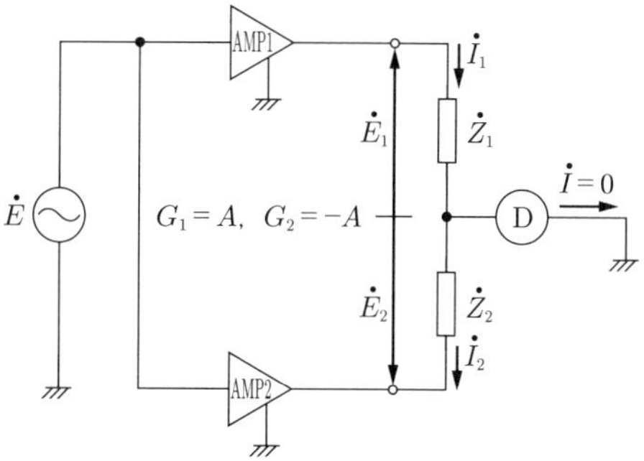

図 **4.17**　アクティブブリッジ

ブリッジ容量計などで用いられている。

出力インピーダンスが低く無視でき，利得がそれぞれ $G_1 = A$，$G_2 = -A$ の増幅器を用いると $|\dot{E}_1| = |\dot{E}_2|$ となる。ブリッジが平衡状態となる（$\dot{I} = 0$）では，$\dot{I}_1 = \dot{I}_2$ となり，$\dot{Z}_1 = \dot{Z}_2$ となるため，$\dot{Z}_1$ か $\dot{Z}_2$ のいずれかを既知インピーダンスとすれば，未知インピーダンスを測定できる。

4.2.2　Q メータを用いたインピーダンス測定

Q メータ（Q meter）は回路の共振現象（resonance phenomenon）を利用して，素子の Q 値を直読できる装置である。実際のインダクタンスやコンデンサには，電気特性上，**図 4.18** に示すように，損失分である抵抗成分 r_L（インダクタンスの場合），あるいはコンダクタンス成分 g_C（コンデンサの場合）が含まれる。Q 値は，角周波数 ω に対するリアクタンス素子としての質のよさ（損失の少なさ）を示す値であり，言い換えれば，Q 値が高ければ高いほど，その周波数において理想的なインダクタンス，あるいはコンデンサに近いことを意味している。

$\dot{Z}_L = r_L + j\omega L$　　　$\dot{Y}_C = g_C + j\omega C$

（a）　インダクタンス　　（b）　コンデンサ

図 4.18　インダクタンスおよびコンデンサの損失分

図 4.18 を用いてそれぞれの Q 値を求めると

$$Q_L = \frac{\omega L}{r_L}, \quad Q_C = \frac{\omega C}{g_C} \tag{4.20}$$

である。ここで Q_L，Q_C はそれぞれインダクタおよびコンデンサの Q 値を示している。Q 値の逆数は**損失率** D（タンデルタとも呼ばれる）といい

$$D = \tan(\delta) = \frac{1}{Q} \tag{4.21}$$

で表される。ここでδを損失角という。

Q メータを用いたインピーダンス測定の基本原理を紹介する。この手法は，ブリッジに比べ確度は低いが，簡便さと周波数範囲が広いという特徴がある。まず，**図 *4.19***（a）のように測定インピーダンス$\dot{Z}_X = R_X + jX_X$を接続しない状態で，可変コンデンサCを調整して角周波数ω_0（$\omega_0 = 1/\sqrt{LC}$）で共振させる。共振時のコンデンサの容量とQ値をそれぞれ，C_0，Q_0とすれば

$$\omega_0 L = \frac{1}{\omega_0 C_0} \tag{4.22}$$

$$Q_0 = \frac{1}{\omega_0 C_0 r} \tag{4.23}$$

となる。つぎに図（b）のように直列に測定インピーダンス$\dot{Z}_X$を接続する。図（a）と同じ角周波数ω_0で共振するように，再び可変コンデンサCを調整する。このときのコンデンサの容量とQ値をそれぞれ，C_X，Q_Xとすれば

$$\omega_0 L + X_X = \frac{1}{\omega_0 C_X} \tag{4.24}$$

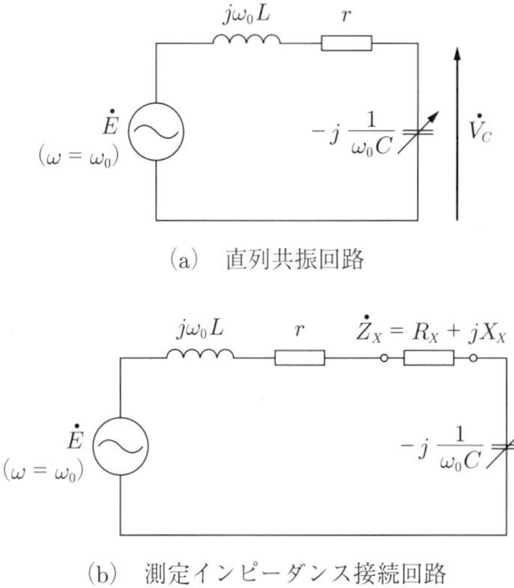

(a)　直列共振回路

(b)　測定インピーダンス接続回路

図 ***4.19***　Q メータによるインピーダンス測定

$$Q_X = \frac{1}{\omega_0 C_X (r + R_X)} \tag{4.25}$$

となる。C_0，Q_0 および C_X，Q_X が与えられれば

$$R_X = \frac{1}{\omega_0}\left(\frac{1}{C_X Q_X} - \frac{1}{C_0 Q_0}\right) \tag{4.26}$$

$$X_X = \frac{1}{\omega_0 C_X} - \frac{1}{\omega_0 C_0} \tag{4.27}$$

が求められる。

4.2.3 電子回路技術を取り入れたインピーダンス計測法

図 4.20 に演算増幅器（オペアンプ：operational amplifier）による電流–電圧変換回路を利用した簡便な抵抗測定法を紹介する。基本的には印加電圧 e と電流 i から測定対象の抵抗 R_X を求める測定法である。演算増幅器の入力インピーダンスが ∞ で**仮想接地**（imaginary short）が成立しているとすると

$$\frac{e}{R_X} = i = -\frac{v_S}{R_S} \tag{4.28}$$

$$\therefore\ R_X = R_S\left|\frac{e}{v_S}\right| \tag{4.29}$$

となる。ここで，R_S を既知の抵抗とすれば，印加電圧 e と演算増幅器の出力電圧 v_S から R_X の測定が可能となる。

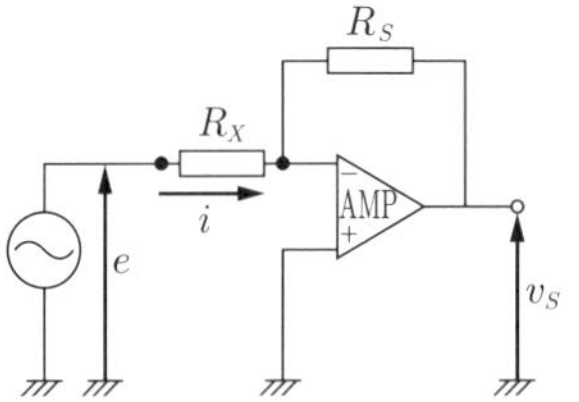

図 *4.20*　演算増幅器を用いた抵抗測定回路

直接的には無調整で，インピーダンス測定ができる測定装置として，**インピーダンスメータ**がある（**図 4.21**）。増幅器（AMP1，AMP2）の入力インピーダンスが十分大きければ，測定インピーダンス $\dot{Z}_X$（$\dot{Z}_X = Z_X \angle\theta = R_X + jX_X$）

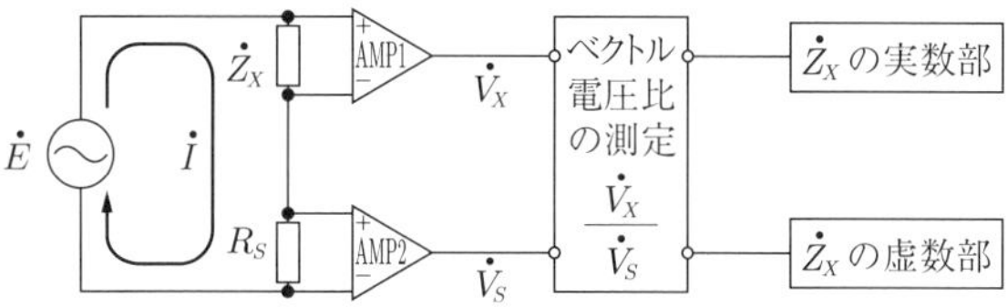

図 **4.21** インピーダンスメータの原理

と既知抵抗 R_S には共通の電流 i（複素ベクトル表記 $\dot{I}$）が流れる。増幅器の利得がともに A であるとする。i の位相を基準にして演算増幅器の出力を見ると

$$i = \sqrt{2}\,I\sin(\omega t) \Rightarrow \dot{I} = I\angle 0 \tag{4.30}$$

$$v_S = \sqrt{2}\,AR_SI\sin(\omega t) \Rightarrow \dot{V}_S = AR_SI\angle 0 \tag{4.31}$$

$$v_X = \sqrt{2}\,AZ_XI\sin(\omega t + \theta) \Rightarrow \dot{V}_X = AZ_XI\angle\theta \tag{4.32}$$

となる。利得 A および R_S が既知であるとすれば，v_S を観測すれば式 (4.31) より $\dot{I}$ が求められる。さまざまなインピーダンス算出法が考えられるが，例えば，Z_X は最大値検出回路を用いて，位相差 θ は v_X と v_S の位相差検出回路を用いてそれぞれ求められる。Z_X と θ から $\dot{Z}_X$ の実数成分や虚数成分も算出できる。この手法は増幅器の帯域によっても測定周波数範囲は規定されるが，現在，10 Hz～50 MHz 程度の範囲で測定できる装置がつくられている。

コーヒーブレイク

生体計測への応用

体脂肪計や体組成計と称されている装置について話そう。これらは生体電気インピーダンス法を用いている。生体はおおよそ 1 kHz～1 MHz の周波数でほぼ導体，すなわち電気抵抗として扱える。この装置では体に微弱な電流（最小感知電流の 10 分の 1 以下）を流し，その際の電気の流れにくさ（電気抵抗値）を計測することで体組成を推定する。これは「脂肪はほとんど電気を流さないが，筋肉などの電解質を多く含む組織は電気を流しやすい」という特性を利用している。測定した電気抵抗値と，あらかじめ入力された身長から筋肉組織の長さを割り出し，太さと長さを組み合わせることで筋肉量を推定する。ここで割り出された筋肉量と測定した体重，あらかじめ入力された情報とたくさんの統計データから，どれだけの脂肪が体に付いているのかを推定するのが装置の原理である。

演　習　問　題

【1】 電圧降下法で抵抗値を測定する場合，比較的大きい抵抗を測定する場合は，図 **4.1**（b）の回路の使用が望ましいことを証明しなさい。

【2】 図 **4.5** のホイートストンブリッジ回路における二つの抵抗配置構成で，検流計Ⓖを流れる電流を計算しなさい。

【3】 低抵抗を測定する場合，最も注意すべき点はどのようなことか答えなさい。

【4】 比形ブリッジ（交流ブリッジ）を利用して誘導性負荷を測定する場合，可変インピーダンス辺を誘導性インピーダンスとする理由を述べなさい。

【5】 インピーダンスメータでも使用される位相差検出回路について調べなさい。

5

磁気量の測定

現在の社会では高効率のモータや発電システム，電源システム高効率化のニーズが高まっている。これらの開発には，磁性体材料の特性計測や磁気測定の技術が不可欠である。また，スマートフォンやタブレット端末には，磁気センサや磁気コンパスが搭載され，磁気計測のニーズはますます高まっている。本章では，磁気計測の基本となる磁気量の測定方法について解説する。

5.1　ヒステリシス特性と透磁率の測定

5.1.1　ヒステリシスループ

電気磁気学において，真空中の磁界の強さ H と磁束密度 B の関係は

$$B = \mu_0 H \tag{5.1}$$

で与えられる。ここで μ_0 は真空中の**透磁率**（magnetic permeability）である。透磁率は，ある磁界の強さ H に対して，単位面積当りどれだけの磁束が生じるかの大きさを示している。磁界が磁性体中に加わった場合は，磁性体の透磁率を μ とすると真空の場合と同様に，$B = \mu H$ より

$$\mu = \frac{B}{H} \tag{5.2}$$

となり，磁性体の透磁率を測定するには，磁界の強さ H と磁束密度 B を測定すればよい。真空の透磁率は，$\mu_0 = 4\pi \times 10^{-7}$ H/m であり，一定の値になる。一方，磁性体の場合には透磁率 μ の値は加える磁界の強さにより変化する。いま，図 **5.1** のように，環状の磁性体材料にコイルを巻き，コイルの電流を変え

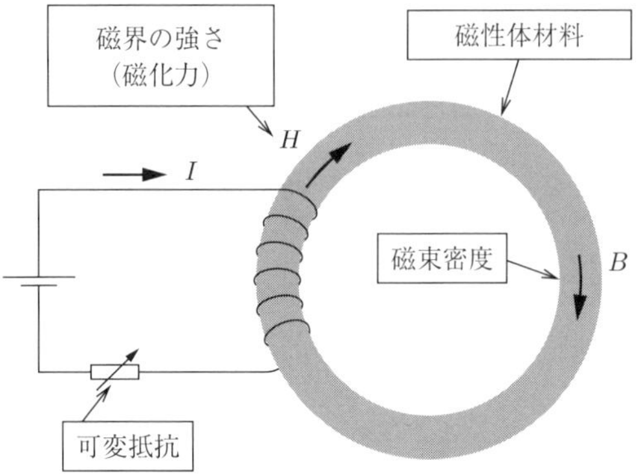

図 **5.1**　磁性体材料の磁化特性

ることにより，磁界の強さ H を 0 からしだいに上昇させた場合の磁性体材料中の磁束密度 B を測定すると，**図 5.2** のように a，b，c を通る曲線になる。図の横軸は磁界の強さ，縦軸は磁束密度で，このような曲線を ***B*–*H* 曲線**または**磁化曲線**（magnetization curve）と呼ぶ。式 (5.2) より B–H 曲線の傾きが透磁率となり，磁性体の場合は磁界の強さにより透磁率が一定でないことがわかる。図より，H が 0 付近（a の付近）の傾きはゆるやかで，その後傾きが大きくなり，b の付近で最大となる。その後 H を増加させても B は増加せず，c の付近のように傾きは飽和する。この現象を**磁気飽和**（magnetic saturation）と呼ぶ。また，a の箇所の透磁率を**初期透磁率**（initial permeability）と呼び，さらに傾きが最大になる b の箇所の透磁率を**最大透磁率**（maximum permeability）

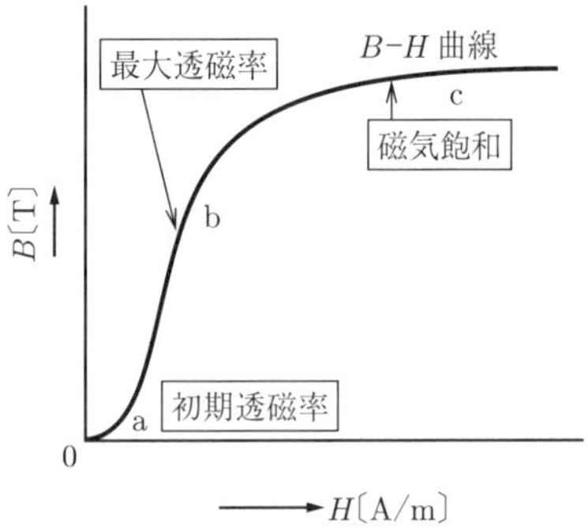

図 **5.2**　磁性体材料の磁化曲線

と呼ぶ。

また，電流を交流電流に変え，磁性体材料にプラスマイナスの磁界を加えた場合は，**図 5.3** のように図中の a–b–c–d–e–f の矢印を通る曲線になる。この曲線を**ヒステリシスループ**（hysteresis loop）と呼ぶ。図より，外部から加える磁界の強さ H が 0 A/m の場合でも磁性体の磁束密度は 0 T にはならず，B_r の値をもつ（点 b）。この値を**残留磁気**（residual magnetism）という。さらに磁界の強さをマイナス方向に加えていくと，磁束密度が 0 T になる（点 c）。このときの磁界の強さ H_c の値を**保磁力**（coercive force）という。

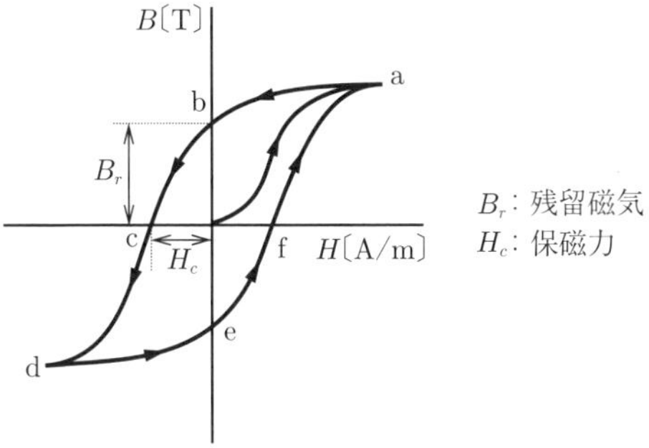

図 5.3　ヒステリシスループ

5.1.2　透磁率の測定

前の項で透磁率は磁化曲線の傾きで求められることを示した。ここでは磁化曲線の測定原理について述べる。いま，**図 5.4** のように環状磁性体材料に一次コイル C1 と二次コイル C2 を巻き，それぞれのコイルの巻数を N_1，N_2 とする。ここで，環状の磁性体材料の磁路の長さを l〔m〕，コイル C1 の電流値を $i_1(t)$〔A〕とすると，一次コイルで発生する磁界の強さは

$$H(t) = \frac{N_1 i_1(t)}{l} \tag{5.3}$$

となり，コイルに流れる電流値 $i_1(t)$ から磁界の強さ $H(t)$ を求めることができる。また，二次コイル C2 に発生する起電力 $E_2(t)$ は，磁性体材料の磁束 $\Phi(t)$

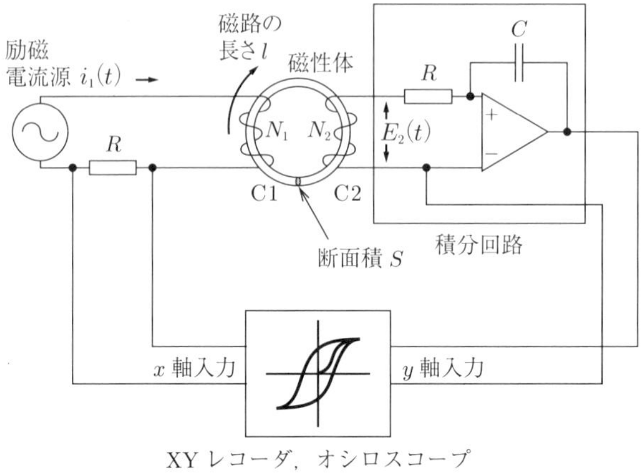

図 5.4　磁化曲線の測定原理図

の時間変化に比例し

$$E_2(t) = N_2 \frac{d\Phi(t)}{dt} \tag{5.4}$$

となる。これより磁性体材料の断面積を $S\,\mathrm{m}^2$ とすると，磁束密度 $B(t)$ は

$$B(t) = \frac{\displaystyle\int E_2(t)dt}{N_2 S} \tag{5.5}$$

となり，二次コイルの起電力 $E_2(t)$ を積分することで求めることができる。

図 5.4 より，電流値 $i_1(t)$ はコイルに直列に挿入した R の電圧降下から求められる。また，起電力 $E_2(t)$ からオペアンプを用いた積分回路により積分することで磁束密度 $B(t)$ を求め，XY レコーダやオシロスコープなどを用いて磁化曲線を記録し，傾きから透磁率を測定する。

5.2　ホ ー ル 効 果

図 5.5 のように電子が移動している際に，垂直な磁束を加えると，ローレンツ力により電子が曲げられ，電子の分布に偏りができるため，電流と磁界のつくる

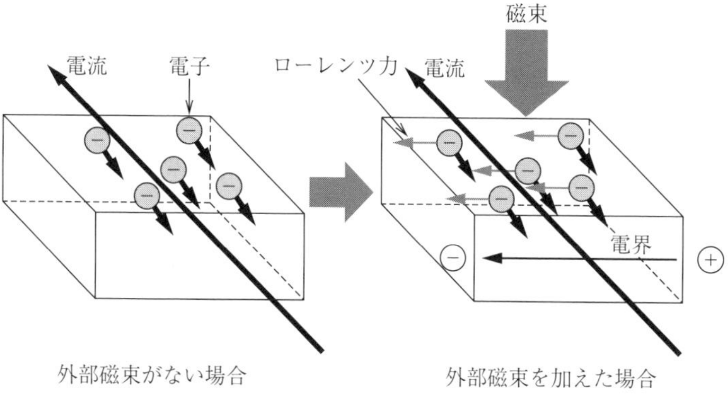

図 **5.5**　ホール効果の原理

面に対して垂直な方向に起電力が生じる。これをホール効果と呼び，1879 年にアメリカの物理学者エドウィン・ホール（Edwin Herbert Hall）によって発見された。磁気計測を行う場合はおもにアンチモン化インジウム単結晶（InSb），ガリウムヒ素（GaAs）などの化合物半導体が用いられる。この原理を利用したセンサを**ホール素子**（Hall element）と呼ぶ。

図 5.6 のように，長さ l，幅 w，厚み d の半導体の x 方向にホール電流 I_X を流し，電流に直角な z 方向に磁束密度 B_z を加えた場合，y 方向にホール電圧 V_H が生じ，その値は

$$V_H = \frac{K_H}{d} I_X B_z \tag{5.6}$$

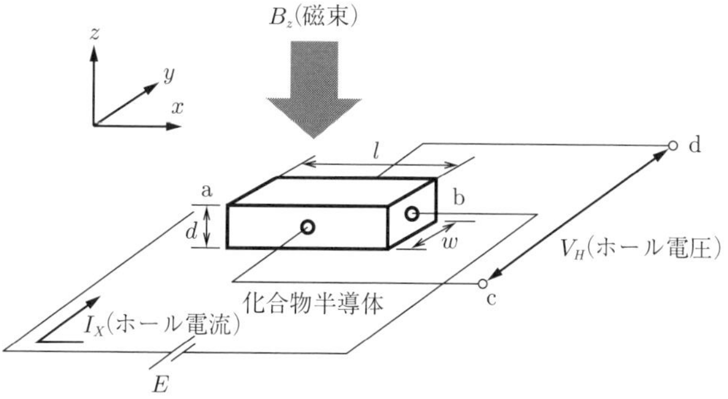

図 **5.6**　ホール素子の原理図

で与えられる。ここで K_H はホール係数と呼び，使用する半導体の電子密度やキャリアの移動度で決まる定数である。式 (5.6) よりホール電圧は半導体に流すホール電流と加えた磁束密度に比例する。ここで，K_H/d は素子の材料と形状によって決まるため，$K_s = K_H/d$ と置くと，式 (5.6) は

$$V_H = K_s I_X B_z \tag{5.7}$$

と表せる。この K_s を積感度と呼び，単位は〔mV/mA・kG〕で表される。ホール電流は通常，数 mA 程度の電流が用いられ，この際のホール電圧は，数 mV 程度である。ホール電流を増加させればホール電圧も増加するが，センサが発熱するため限界がある。通常はホール電圧をオペアンプなどで増幅して使用する。近年ではホール素子と増幅回路を一体化させたホール IC も発売されている。図 **5.7** にホール IC の例を示す。表面実装タイプのものは外形が 3 mm 程度と非常に小型で，磁気スイッチやブラシレスモータの駆動制御などの用途に用いられる。

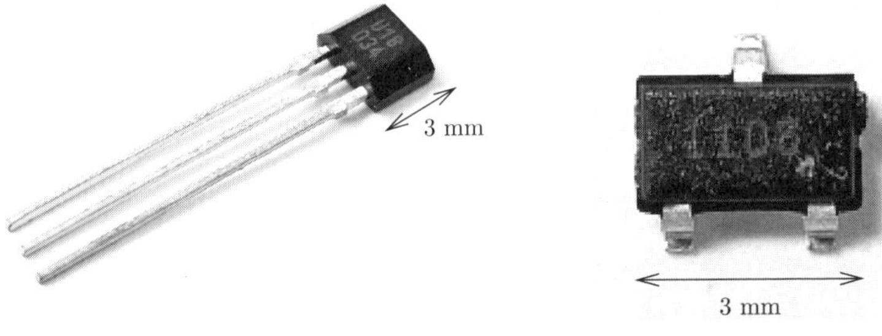

ディスクリートタイプ　　表面実装タイプ

図 **5.7**　ホール IC の例

5.3　SQUID磁束計

5.3.1　ジョセフソン効果

図 **5.8** に示すように，超電導体の間に絶縁体の薄い障壁がある場合，トンネ

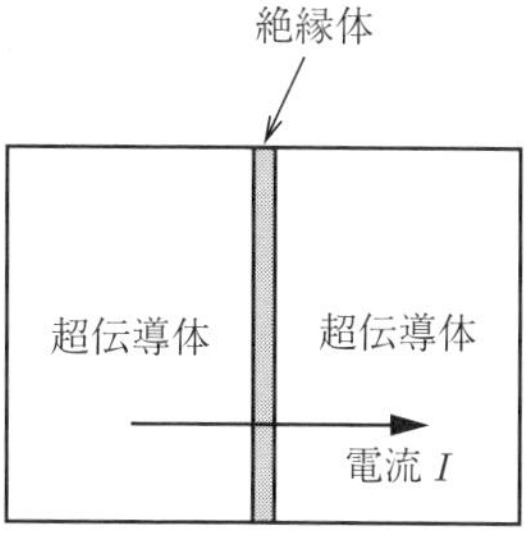

図 ***5.8***　ジョセフソン接合

ル効果により電流が流れる。このような構造を**ジョセフソン接合**（Josephson junction）と呼ぶ。この際に絶縁体部分には電位差は生じず，電流が流れる状態になる。この現象を**ジョセフソン効果**（Josephson effect）と呼び，当時大学院生だったブライアン・D・ジョゼフソン（Brian David Josephson）によって理論的に提唱され，後に実験的に検証された。現在ではこのジョセフソン効果を応用し，SQUID 磁束計などの微小磁界の測定に利用されている。

5.3.2　SQUID 磁束計の原理

SQUID 磁束計は，図 ***5.9*** に示すように，超電導リングの一部にジョセフソン接合を挿入した **SQUID**（superconducting quantum interference device）**素子**を用いて磁界を計測する。図で示した SQUID 素子はリングの両端にジョセフソン接合が挿入されているタイプで，**dc SQUID** と呼ばれるタイプである。

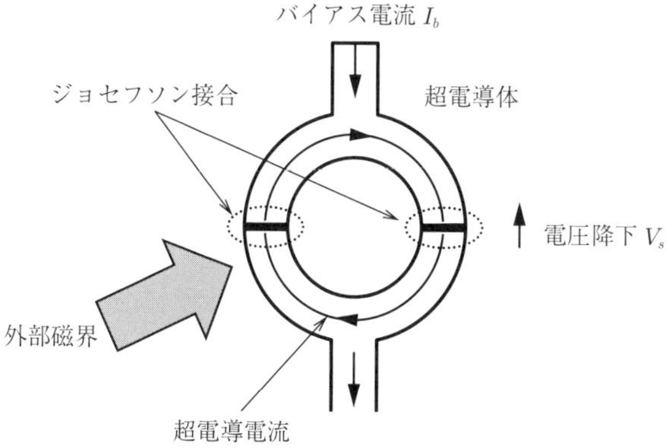

図 ***5.9***　SQUID 素子の原理

前項でも述べたように，ジョセフソン接合では超電導の状態が維持される。超電導のリングは外部からの磁界が加わった際，マイスナー効果により，外部磁界を打ち消すために外部磁界に比例した超電導電流が流れる。この電流を計測できれば磁束計として利用することができる。しかし，超電導リングでは電圧降下は発生しないため，このままでは電流を計測する方法がない。そこでSQUIDでは，図に示すようにバイアス電流 I_b を流して計測を行う。

バイアス電流 I_b とSQUID素子に発生する電圧の関係を図 ***5.10*** に示す。図の平坦な部分は，電流を流しても電圧が発生していないことから，超電導の状態であることがわかる。さらに電流値を上げると，ジョセフソン接合の超電導状態が破れ，電圧降下 V_s が生じる。

SQUID素子に，超電導が破れるバイアス電流の限界値からわずかに超えた値を流し，SQUID素子の磁界電圧特性を計測すると，図 ***5.11*** のように，磁束

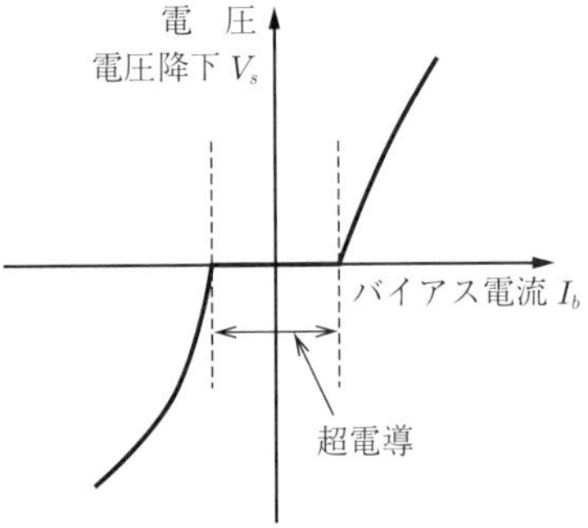

図 ***5.10***　バイアス電流と電圧降下の関係

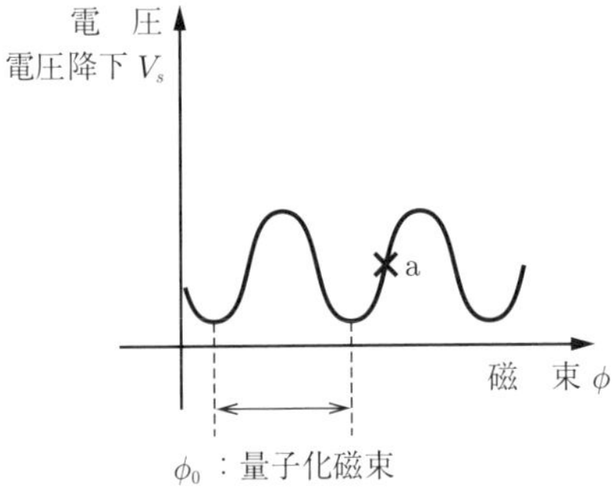

図 ***5.11***　SQUID素子の磁界電圧特性

の大きさに対して周期的に電圧が変化する特性になる。横軸の 1 周期は**量子化磁束**（fluxoid）ϕ_0 と同一になることがわかっている。ここで量子化磁束 ϕ_0 は h をプランク定数とすると

$$\phi_0 = \frac{h}{2e} = 2.07 \times 10^{-15}\,\mathrm{Wb} \tag{5.8}$$

となる。このように，SQUID 素子を用いると，非常にわずかな磁束の変化に対して電圧の変化が得られるが，電圧の値が正弦波形になるため，このままでは磁束を計測することが難しい。

これらの問題を解決するため，実際には図 ***5.12*** に示す回路を用いる。SQUID 素子にバイアス電流を加えておき，外部磁界が入った場合，SQUID 素子の出力電圧が 0 になるように，フィードバックコイルで磁界を加え，外部磁界を相殺させる制御を行う。このときフィードバックコイルに加わる電圧は，外部磁界に比例する。この回路により，微弱な磁界を高精度に測定することが可能となる。この回路は SQUID 内の磁場を 0 に固定する制御を行っているため，**FLL**（flux locked loop）**回路**と呼ばれている。

SQUID 磁束計の分解能は 10^{-13} T 程度で非常に高感度である。そのため，

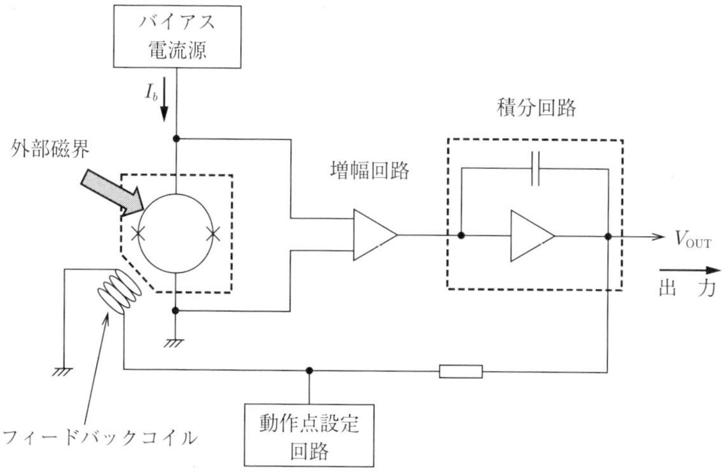

図 ***5.12*** SQUID 磁束計の計測回路

身のまわりの電化製品や照明，電気機器から発生する都市雑音（10^{-7} T 程度）の影響を除去する必要がある。またSQUID素子は超電導を用いるので，冷却する機構などでセンサ部分が大きくなり，取扱いが不便である。そこで通常は**図 5.13**（a）に示すようにピックアップコイルを用いて磁界を検出し，磁気シールド内のインプットコイルを用いてSQUID素子に相互インダクタンス M_i で磁気的に結合させる構造となっている。磁界 B_z によりピックアップコイルに発生する電流は非常に微弱であるが，インプットコイルの巻数を多くすることで，SQUID素子に結合させる磁界 ϕ_S を大きくすることが可能である。

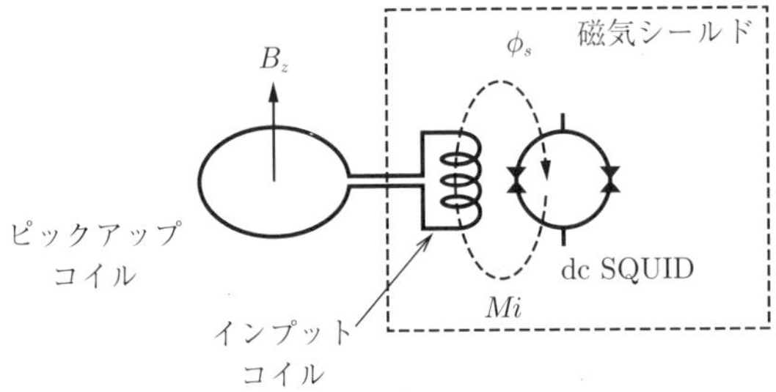

（a）

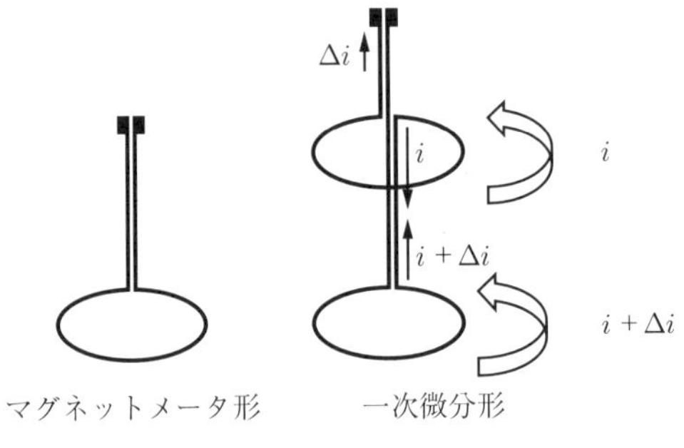

（b）

図 **5.13**　磁場検出コイル

検出コイルには図（b）に示すようにマグネットメータ形，一次微分形などの形状がある。マグネットメータ形はあらゆる信号の検出に向いているが，雑音も同時に検出するため，計測には磁気シールドルームを用いて都市雑音を除去する必要がある。

一次微分形はたがいに逆向きに巻かれたコイルを上下に配置して接続する構成となっている。ここで，下のコイルには，都市雑音による電流 i と測定物からの磁界による電流 Δi が流れる。一方，上のコイルは測定物から遠ざかるため，都市雑音による電流 i のみが流れることになる。上下のコイルは巻き方がたがいに逆方向になるように接続されているため，都市雑音は相殺されて，測定物による誘導電流 Δi のみが検出可能である。

SQUID の応用としては，生体から発生する磁気を検出する装置の応用がある。心臓や脳内から発生する磁気信号を多チャネルの SQUID 素子で検出することで二次元画像化し，診断に役立てる研究が行われている。また免疫検査への応用や，材料の欠陥や不純物の検査を非破壊で行う工業的な応用などさまざまな分野で応用法が研究されている。

5.4　核磁気共鳴の測定

5.4.1　核磁気共鳴の原理

原子核はある軸を中心に自転運動しており，この運動により非常に小さな磁石として考えることができる。これを**スピン**（spin）といい，原子の種類によりスピンのあるものとないものがある。例えば同じ炭素でも C^{12} はスピンをもたないが，C^{13} はスピンをもつ。外部磁界がない場合は原子のスピンはランダムな方向をもつが，外部から磁界を加えると，**図 5.14** のように，外部磁界の方向を中心にして**歳差運動**（precession）が生じる。この運動の周波数は，静

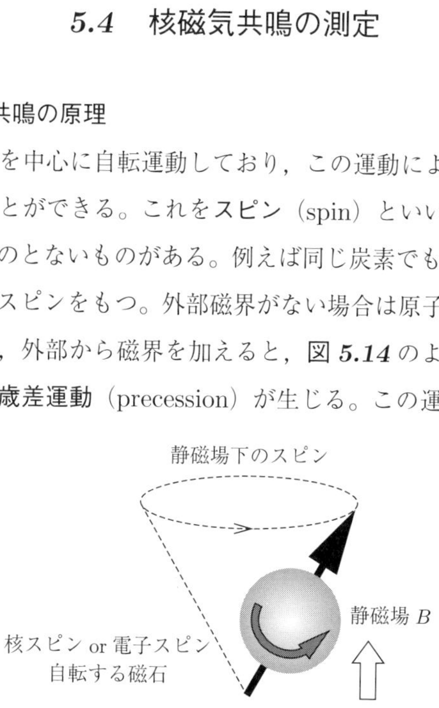

図 5.14　静磁場中の原子核のスピンの様子

磁場 B の大きさによって次式で与えられる。

$$f_0 = \frac{\gamma B}{2\pi} \text{〔Hz〕} \tag{5.9}$$

ここで，γ は原子固有の値で磁気回転比と呼ばれ，この周波数 f_0 を**ラーモア周波数**（Larmor frequency）と呼ぶ。ここで外部からラーモア周波数と同一の高周波磁界を加えると，スピン運動が共振状態になる。この状態を**核磁気共鳴**（nuclear magnetic resonance：**NMR**）と呼び，電磁波の吸収や放出が起こる。この原理を応用すると，磁気計測を行うことができる。

5.4.2　プロトン磁力計

核磁気共鳴を利用した磁気計測として，**プロトン磁力計**（proton magnetometer）がある。**図 5.15** にプロトン磁力計の原理図を示す。プロトン磁力計は，プロトン（水素イオン）を多く含有した水や灯油などの液体を非磁性の容器に入れ，その外部に巻かれた励磁用兼検出用のコイル，発振器，周波数計測装置から構成される。コイルに励磁用の電流を流して強い交流磁界を生成すると，プロトンのスピンの方向が同じ向きに整列する。ここで，スイッチ SW により励磁用の電流を遮断して印加する磁界を消失させると，プロトンのスピンの方向は時間を掛けて緩和され，ランダムな方向になる。この過程で，外部磁界により式 (5.9) で決まるラーモア周波数の電磁波が発生する。この電磁波をコイルにより検出すると，振幅がしだいに減少する波形が得られる。この減衰波形の

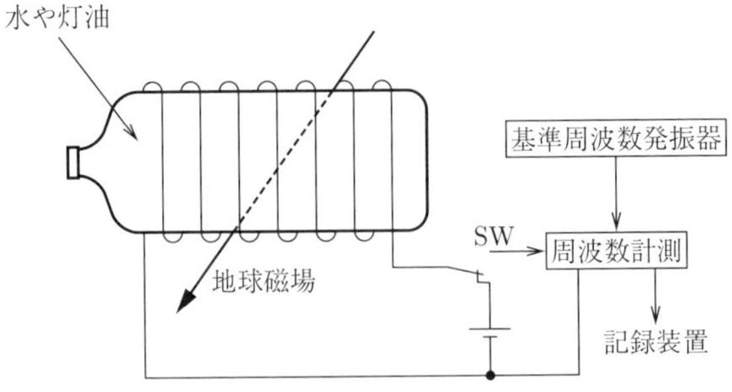

図 **5.15**　プロトン磁力計の原理

周波数を周波数計測装置で計測する。プロトン磁力計は，磁界の強さを周波数で計測することが可能で，構造も比較的簡便であるため，地磁気の計測などに広く用いられている。

5.4.3　核磁気共鳴画像法

核磁気共鳴の応用としては，医療で用いられる**核磁気共鳴画像法**（magnetic resonance imaging：**MRI**）がある。人体の約80％は水からできているため，プロトン磁力計と同様に，静磁界中の人体にパルス状の交流磁界を掛けると，ラーモア周波数の減衰波形が記録される。この減衰波形は人間の臓器や血液などに含まれる水の部位によって変化することから，組織の状態を知ることができる。

しかし，このままでは人体のどの部位から発生した信号なのかを判別することができない。そこで，MRIでは傾斜磁場を掛けて，位置の情報を特定する。**図 *5.16***にMRIの原理を示す。この図では人体の上下方向に傾斜磁場を掛けている。このとき各部位において磁場の大きさが異なるため，場所により異なるラーモア周波数の共振周波数となる。よって，外部から加える交流磁界の周波数を変えると，任意の部位の波形を選択的に取得することができる。実際には傾斜磁場を3軸方向で変化させて，特定部位の減衰波形を得ている。この原理

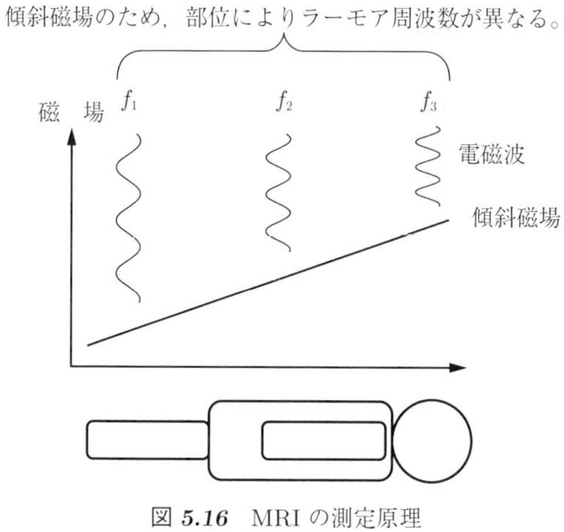

図 ***5.16***　MRIの測定原理

により生体内の組織の画像を三次元的に把握することができる。MRI の利点としては，磁気により計測するため，X 線 CT と違い放射線被ばくが生じない，X 線 CT に比べコントラストの高い画像が得られる，組織の病変を検出しやすい，などが挙げられる。一方で，検査時に非常に大きな騒音が発生し，被験者に精神的負担を掛けるという欠点もある。

演 習 問 題

【1】 ホール素子，SQUID 磁束計，プロトン磁束計の測定範囲を調べよ。

【2】 式 (5.3) を導出せよ。

【3】 ホール素子を利用した機器としてブラシレスモータがあるが，ホール素子を用いてどのようにモータを駆動しているのか調べよ。

【4】 ホール素子の電圧を増幅する回路を示せ。

【5】 SQUID 磁束計において，都市雑音を除去する工夫を説明せよ。

【6】 プロトン磁束計の原理として，磁界の強さを信号の周波数で計測できる。磁界の強さを周波数で計測する利点を考えよ。

6

高 周 波 計 測

計測対象の信号の周波数が高くなると，伝送路や電気回路の物理的な大きさが波長に対して無視できなくなり，波動としての性質や電磁気的な性質が顕著に表れるため，計測の際に注意が必要となる。また，それらの性質により，測定対象物が外部から影響を受けたり，外部に影響を及ぼすこともある。本章では，高周波信号に対する計測手法と電磁環境両立性について述べる。

6.1 高周波の定義

3 THz 以下の周波数の電磁波は**電波**（radio wave）と呼ばれ，**表 *6.1*** に示すように周波数によって呼称も定められている。しかし，**高周波**（high-frequency）という名称について明確な定義はなく，一般に可聴周波数程度の周波数を**低周波**（low-frequency）と呼び，それ以上の周波数を高周波とすることが多い。周波数が高くなるにつれ，電気回路の物理的な大きさが波長に対して無視できな

表 *6.1* 高周波の呼称

周波数〔Hz〕	波　長〔m〕	呼　称		
～30 k	10 k	VLF	長　波	
～300 k	1 k	LF		
～3 M	100	MF	中　波	
～30 M	10	HF	短　波	
～300 M	1	VHF	超短波	
～3 G	100 m	UHF	極超短波	
～30 G	10 m	SHF	センチ波	マイクロ波
～300 G	1 m	EHF	ミリ波	
～3 T	100 μ		サブミリ波	

くなり，電磁気的な性質が顕著に表れるようになることから，回路の設計や計測には，低周波とは異なる回路技術が必要とされる。

6.2　分布定数回路

回路で取り扱う信号の周波数が高くなると，信号の波長に対して，回路内の伝送路（配線）の長さが無視できなくなる。その一例として，0.5 m の伝送路を考える。この伝送路で 300 kHz の信号を扱う場合，入力端と出力端の位相差はわずか 0.18 deg であり十分無視できるが，300 MHz の信号では，180 deg の位相差が生じ，極性が反転してしまう。また，周波数が高くなるにつれ，**線間容量**（line-to-line capacitance）や**漏れコンダクタンス**（leakage conductance）の影響も増大し，さらに，これらは伝送路の長さにも依存するため，高周波を扱う場合，伝送路の長さを考慮した回路解析が必要となる。低周波領域で用いられる抵抗，コイル，コンデンサなどの素子の定数のみに着目した回路を**集中定数回路**（lumped constant circuit）と呼ぶのに対し，高周波領域では，これらの素子が伝送路上に連続して分布しているものとして考え，**分布定数回路**（distributed constant circuit）と呼ぶ。分布定数回路では，図 ***6.1***（a）に示すような伝送線路を図（b）に示すように，波長よりも十分短い区間で分割したものが連続しているものとして考える。本節では，伝送路に負荷が接続されている場合について説明しているが，伝送路どうしが接続されている場合も一方の伝送路を

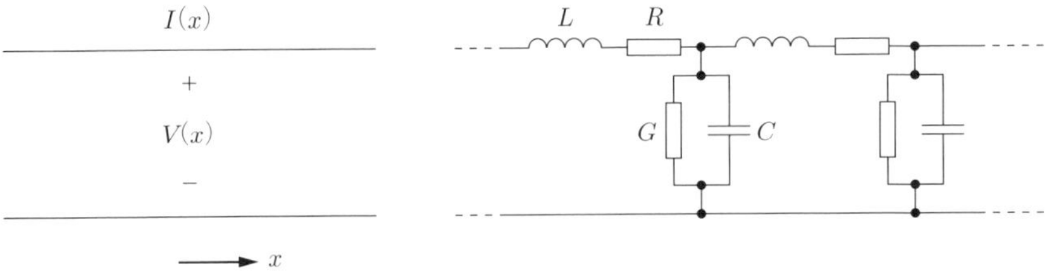

（a）　　　　（b）

図 ***6.1***　分布定数回路のモデル

負荷とすることで同様に考えることができる。

ここで，伝送路の単位長さ当りの性質をインダクタンス L，抵抗 R，静電容量 C，漏れコンダクタンス G で表し，便宜上

$$Z = R + j\omega L, \quad Y = G + j\omega C,$$
$$\gamma = \sqrt{YZ} = \alpha + j\beta, \quad Z_0 = \frac{Z}{\gamma} \tag{6.1}$$

と表すこととすると，伝送路上の電圧 V と電流 I は

$$V = Ae^{-\gamma x} + Be^{\gamma x}, \quad I = \frac{Ae^{-\gamma x} - Be^{\gamma x}}{Z_0} \tag{6.2}$$

と表される。ここで，A，B は電圧を示しており，正弦波交流とするのであれば，$A = V_1 e^{j\omega t}$，$B = V_2 e^{j\omega t}$ である。ここで，式 (6.2) に示す二つの式の二つの項は，それぞれ x の正方向へ進む波（**進行波**：forward wave）と反対方向へ進む波（**反射波**：reflected wave）を表している。また，Z_0 を**特性インピーダンス**（characteristic impedance）と呼び，γ を**伝搬定数**（propagation constant）と呼ぶ。一般に，γ は複素数で表され，実数部を**減衰定数**（attenuation constant），虚数部を**位相定数**（phase constant）と呼ぶ。伝送路上のある点で観測するとき，進行波と反射波の比をその点の**反射係数**（reflection coefficient）という。反射係数 $\varGamma$ は

$$\varGamma = \frac{Be^{\gamma x}}{Ae^{-\gamma x}} = \frac{B}{A}e^{2\gamma x} \tag{6.3}$$

と表すことができ，特性インピーダンス Z_0 とそこに接続された負荷インピーダンス Z_L の間には式 (6.4) に示す関係がある。

$$\varGamma = \frac{Z_L - Z_0}{Z_L + Z_0} \tag{6.4}$$

この式からわかるように，特性インピーダンス Z_0 と負荷インピーダンス Z_L が異なる場合，負荷に供給する電力の一部が反射波として信号源に戻ることになる。これにより，伝送路上には**定在波**（standing wave）が発生し，信号源にも余計な負荷がかかることになる。そのため，一般に伝送路の特性インピーダ

ンス Z_0 と負荷インピーダンス Z_L は等しくなるように設計され，これを「**インピーダンス整合**（impedance matching）をとる」という。また，負荷が解放の場合（$Z_L = \infty$），反射係数は 1 となり，進行波と反射波の位相は同相となる。負荷が短絡の場合（$Z_L = 0$），反射係数は -1 となり，逆相となる。また，定在波の電圧の最大値 $|V|_{\mathrm{MAX}}$ と最小値 $|V|_{\mathrm{MIN}}$ の比を**定在波比**（voltage standing wave ratio：VSWR）と呼び，式 (6.5) で定義されている。

$$\mathrm{VSWR} = \frac{|V|_{\mathrm{MAX}}}{|V|_{\mathrm{MIN}}} = \frac{|A| + |B|}{|A| - |B|} \tag{6.5}$$

信号の反射は特性インピーダンスが不連続となる場所で発生するため，伝送路を接続する場合は，インピーダンスを考慮した高周波用のコネクタを使用するなどの配慮が必要である。

6.3　高周波におけるインピーダンスの測定

高周波では，低周波で用いられるような電圧計，電流計によるインピーダンスの測定は困難である。一般には，特性インピーダンスが既知の伝送路と定在波測定器を用いるなどして定在波を測定し，定在波比と電圧が最小となる点から，**スミスチャート**（smith chart）によって接続されたインピーダンスを求める。近年では，**ネットワークアナライザ**（network analyzer）を用いた測定も一般的である。

6.4　高周波電力の測定

6.4.1　高周波電力測定の概要

高周波電力（high-frequency power）は，情報の伝送能力や装置の効率などを評価するうえで非常に重要な要素である。高周波の電力は，低周波同様，平均電力を測定するのが一般的であるが，その性質上，**パルス電力**（pulsed power），**ピーク電力**（peak power）などもよく利用されるため注意が必要である。具体的には，熱的な検討を行う場合は平均電力を用いるが，電気的な検討を行う場合にはピーク電力が用いられるなど，目的に応じた選択が必要である。特に，無線設備が法令で定められた品質を満たしているのか，許可された出力の範囲内にあるのかなどの測定では，正しい測定法を適切に選択できることが要求される。

〔***1***〕　**瞬時電力**　瞬時電圧 e と瞬時電流 i の積を瞬時電力 p という。瞬時電力は，その名の通り，ある時刻における電力を示すものであり，**図 *6.2*** に示すように刻一刻変化するものである。

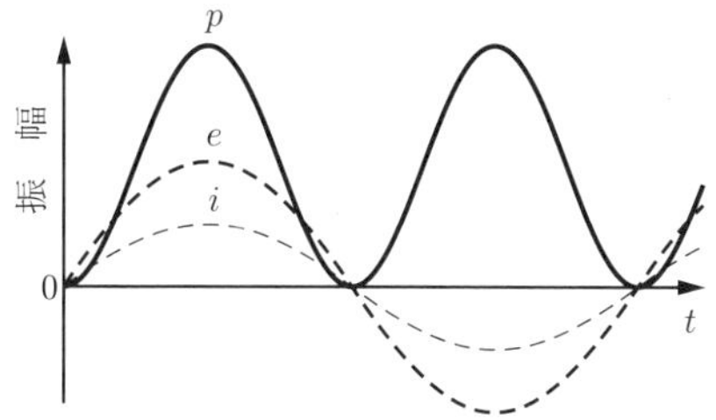

図 ***6.2***　瞬時電力 p と電圧 e，電流 i の関係

〔***2***〕　**平均電力**　時間 T の間の瞬時電力 p の平均値を平均電力 P という。時間 T は 1 周期の時間とされることが多い。

〔***3***〕　**パルス電力**　パルス波に対して定義される電力で，パルス幅 τ の間の平均電力をパルス電力という。パルス電力 P_p，平均電力 P，パルス幅 τ，周期 T の関係を**図 *6.3*** に示す。また，周期 T に占めるパルス幅 τ の割合をデューティサイクルという。

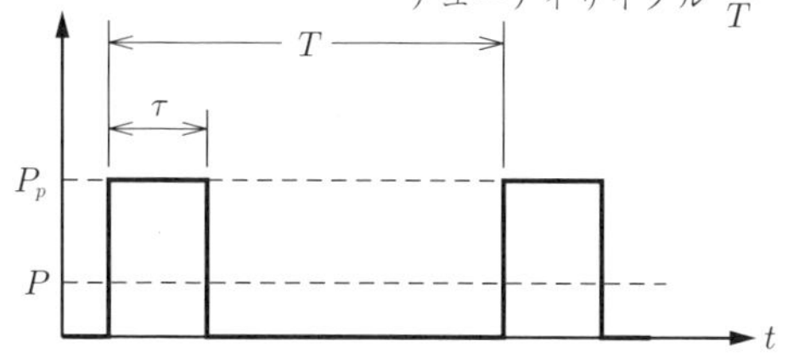

図 ***6.3***　パルス電力

〔4〕 ピーク電力　　**図 6.4** に示すように，対象となる信号の最大周波数成分 f_{MAX} の周期（$1/f_{\mathrm{MAX}}$）よりも，十分に短い時間の平均電力の最大値をピーク電力という。変調された信号のように波形が一定でない場合や，パルス幅が一定でない場合に用いられることが多い。なお，その定義から，方形波のピーク電力はパルス電力と等しくなる。

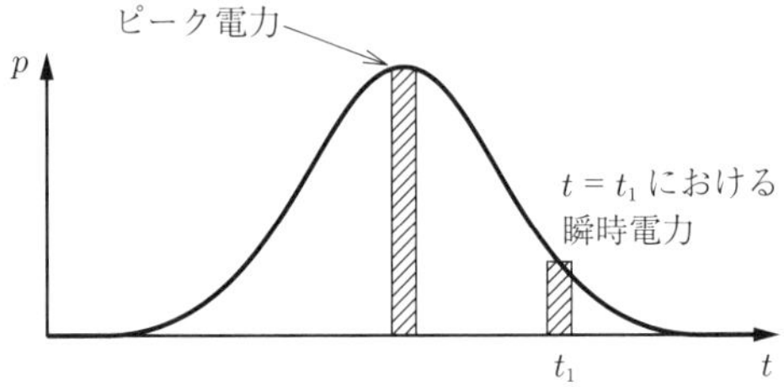

図 **6.4**　ピーク電力

6.4.2 高周波電力の測定方法

高周波においても電力は，電圧，電流，インピーダンスから計算できるが，実際には，測定が難しく非現実的である。また，導波管内の電磁波の輻射《ふくしゃ》圧を利用した力学的方法やホール効果を利用する方法などもあるが，実用的ではなく，高周波電力の測定は，つぎに挙げるような熱的な方法で測定されるのが一般的である。

〔1〕 ボロメータによる方法　　この方法は，**ボロメータ**（bolometer）と呼ばれる，温度により抵抗値が大きく変化する素子に高周波電力を吸収させ，**ジュール熱**（joule heat）によって生じた温度変化を抵抗値の変化として測定する方法である。ボロメータの代表的なものとしては，サーミスタやバレッタが挙げられるが，バレッタは，時定数が小さく応答性に優れる反面，機械的，電気的に壊れやすいため，現在ではほとんど使用されていない。また，ボロメータは，ボロメータマウントと呼ばれる容器に装着された状態で使用され，抵抗値の変化は，**ブリッジ回路**（bridge circuit）を用いて測定されるのが一般的である。

〔***2***〕 **熱電対電力計による方法**　この方法は，ボロメータの代わりに**熱電対**（thermocouple）を利用する方法である。ボロメータを用いる方法に比べ，測定できる電力の範囲が数〜数十 mW と**ダイナミックレンジ**（dynamic range）が広く，使用可能な周波数の範囲も数 MHz〜数十 GHz と広範囲である。

〔***3***〕 **熱量計による方法**　この方法は，水などの液体に電力を吸収させ，**熱量計**（calorimeter）によって電力を測定する方法であり，大電力の測定に適している。

6.4.3 不整合誤差

高周波電力を測定する場合，***6.2*** 節で説明した通り，測定しようとする系，伝送路，負荷の特性インピーダンスを一致させることが重要である。これらが一致していない場合，それぞれの接続部において，電力の反射が発生し，**不整合誤差**（misalignment error）と呼ばれる誤差を生じることになる。ここで，図 ***6.5*** に示すような回路を考えたとき，電源，伝送路，負荷のインピーダンスが一致していれば，それぞれの接続部の反射係数 Γ_g，Γ_l は 0 となり，電源からの電力 P_g はすべ

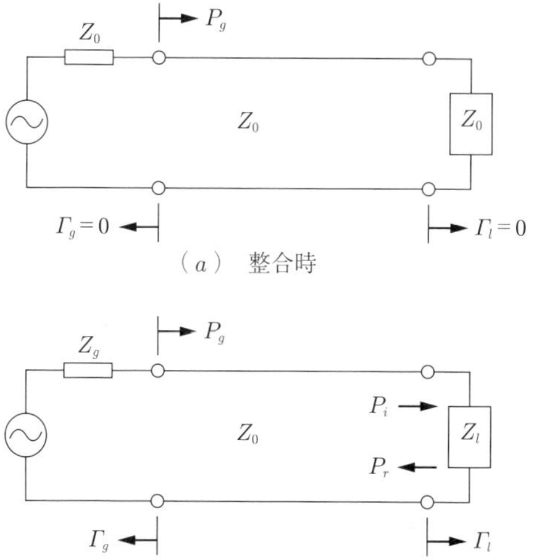

（a）　整合時

（b）　非整合時

図 ***6.5***　整合時と不整合時の比較

て負荷に供給されることになる。しかし，図（b）に示すように，それぞれのインピーダンスが一致していない場合は，それぞれの接合部で反射が発生するため，負荷に供給される電力 P_i の一部は反射電力 P_r となって電源へ戻り，それが反射して，負荷供給されるという流れを繰り返す。したがって，負荷に供給される電力は

$$\begin{aligned}&\text{最大値：}\frac{1}{(1-|\Gamma_g||\Gamma_l|)^2}-1\\&\text{最小値：}\frac{1}{(1+|\Gamma_g||\Gamma_l|)^2}-1\end{aligned}\qquad(6.6)$$

の範囲の電力となる。ここで，負荷に供給される電力に幅があるのは，反射係数 Γ が位相を含む値であるためである。

6.5　周波数の測定

周波数は，周期 T と逆数の関係にあるため，精度の高い測定を行いやすい項目の一つである。正確な周波数測定には，正確な時間を得ることが重要となるが，1 秒の長さは，セシウム 133 の原子の基底状態の二つの超微細準位の間の遷移に対応する放射の周期の 9 192 631 770 倍に等しい時間と定められており，厳密に管理されている。現在では，**全地球測位システム**（global positioning system：GPS）を利用することで，簡単に 10^{-12} 程度の精度の基準時間を得ることが可能である。

周波数の測定に用いられるおもな方法をつぎに示す。

〔***1***〕 **周波数カウンタ**　　周波数を測定することができる測定器の一つに周波数カウンタがある。**図 *6.6*** に周波数カウンタのブロック図を示す。周波数カ

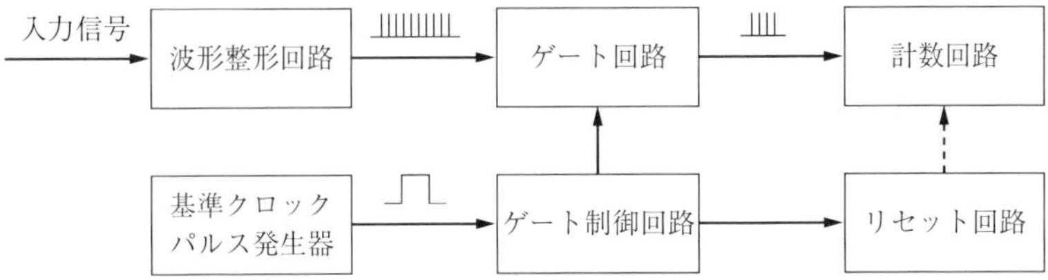

図 ***6.6***　周波数カウンタのブロック図

ウンタは，波形整形回路によって，入力された信号をパルス信号に変換し，ゲート回路によって一定時間だけ計数回路に入力されるように制御して，単位時間当りのパルス数をカウントし，表示するようになっている。この方式では，ゲートを開く時間を変化させることで測定レンジを切り替えることができるが，測定可能な周波数はおよそ 500 MHz 程度までであり，それ以上の周波数では**分周器**（divider）などを併用する必要がある。

〔*2*〕 **ヘテロダイン変換方式周波数カウンタ**　　**高周波ミキサ**（high-frequency mixer）を用いて被測定周波数を低くする方式を**ヘテロダイン変換方式**（heterodyne conversion）という。この方式の周波数カウンタでは，基準周波数から PLL などによって被測定周波数 f_S に近い適当な周波数 f_{Lo} を生成し，ミキサと IF フィルタによって中間周波数 f_{IF} に変換してから，周波数カウンタと同様の方式で周波数を測定している。ここで，f_{Lo} の周波数は既知なので，被測定周波数 f_S は

$$f_S = f_{IF} + f_{Lo} \tag{6.7}$$

として求めることができる。実際の測定器では，被測定周波数 f_S を直読できるよう測定器内部で演算処理が行われる。

〔*3*〕 **共振形周波数測定器**　　共振形周波数測定器は，信号源と検出回路（電力測定回路や検波回路など）の間に挿入する共振周波数が可変な共振回路である。共振回路のはたらきにより，検出回路に検出される電力が変化することを利用して周波数を測定する。比較的低い周波数のものは，コイルと可変コンデンサによって構成されているが，高い周波数（数 GHz 以上）では，**空洞共振器**（cavity resonator）などが用いられる。

〔*4*〕 **スペクトラムアナライザ**　　周波数カウンタによって測定される信号は，被測定信号中の最も主要な信号であるが，高周波測定では，複数の周波数成分をもつ複雑な信号を扱うことも多い。そのような場合は，周波数成分ごとに信号強度を測定することができる**スペクトラムアナライザ**（spectrum analyzer）による測定が有効である。スペクトラムアナライザによる測定では，数十 GHz

程度までの周波数の測定に対応できる。

6.6　EMC，EMI，EMS の測定

近年，さまざまな電子機器が使用されるようになり，電磁環境問題が重要視されている。これは，これまで問題視されていた個々の機器内におけるノイズの問題ではなく，機器どうしが相互に影響を与える電磁気的な干渉であり，**EMC** と呼ばれる**電磁環境両立性**（electro magnetic compatibility）の問題である。EMC の問題は，1900 年代初頭，ラジオが急激に普及した頃から発生し，1933 年にロンドンで行われたラジオ障害の大規模な調査では，その原因の大部分がモータや整流器，変圧器であることがわかった。その翌年には，国際無線障害特別委員会（CISPR）が開催され，妨害波の測定器の仕様などを決める作業が行われた。このような経緯から，**電磁妨害**（electro magnetic interference：**EMI**）は従来，**無線周波数妨害**（radio frequency interference）などと呼ばれていたが，近年では，より一般的な電磁妨害と呼ばれることが多い。また，EMI は電子機器から発生する電磁波がほかの機器に与える影響を指すのに対し，ほかの機器が発する EMI の影響をどの程度受けるかを示す**電磁感受性**（electro magnetic susceptibility：**EMS**）と呼ばれる指標もある。EMI，EMS はどちらか一方を満足すればよいのではなく，EMC 対策としては，その両方を満足することが重要である。

6.6.1　EMI の 測 定

EMI の測定は，図 **6.7** に示すような環境で実施される。測定対象機器はターンテーブルによって回転させることができるようになっており，測定用アンテナにも回転機構が設けられている。通常，測定対象機器から発せられる電磁波は図中の（ア）に示す直接波と（イ）に示す反射波として測定用アンテナに受信される。両者は伝送距離が異なるため，アンテナ位置によって位相差が変化し，それにより受信強度が変化することから，受信アンテナを上下に移動させ，受信強度が最大となる点の値を採用するとされている。受信アンテナは，測定

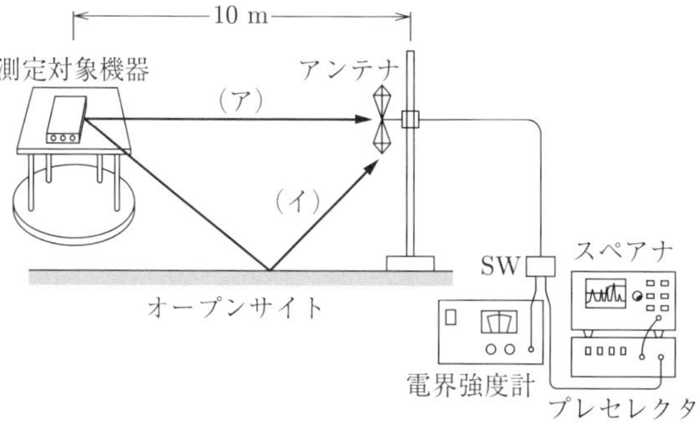

図 ***6.7***　EMI の測定（引用元：鈴木茂夫『EMC と基礎技術』工学図書，p.91，図 6-4 を一部修正）

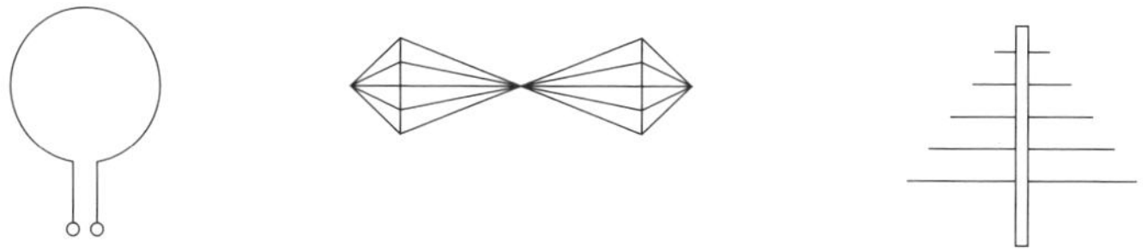

（*a*）　ループアンテナ
磁界測定
（10 kHz～30 MHz）

（*b*）　バイコニカル
アンテナ
（30～250 MHz）

（*c*）　ログペリオディック
アンテナ
（250～1 000 MHz）

図 ***6.8***　EMI の測定に用いられる広帯域アンテナの例

しようとする周波数帯によって異なり，図 ***6.8*** に示すようなループアンテナ，バイコニカルアンテナ，ログペリオディックアンテナなどが用いられる。

6.6.2　EMI 発生源の簡易的な特定方法

EMI による不具合が発生した場合，その発生源の特定が重要であるが，図 ***6.9*** に示すようなアンテナとスペクトラムアナライザを用いることで，簡易的な測定が可能である。

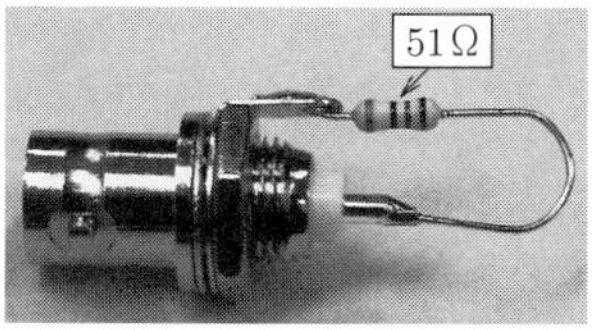

図 ***6.9***　EMI 発生源特定用簡易アンテナ

図 *6.7* に示すアンテナを動作状態にした測定対象機器に近付け，スペクトラムアナライザによって観測される信号強度が最大になる場所を探せば，発生源の見当を付けることができる。このとき，アンテナを測定対象機器に接触させないことに注意しつつ，スペクトラムアナライザのスパンを極力狭く設定しておくと，発生源を特定しやすい。

6.6.3 EMS の 測 定

EMS の測定は，特殊な測定器や**電波暗室**（anechoic chamber）など大型の設備が必要となるため，専門の測定機関を利用して測定を行うのが一般的であるが，参考として，EMS の測定において試験すべき項目のうち，特徴的なものについてつぎに紹介する。試験では，機器の誤動作や性能の劣化（一時的なものを含む）について評価される。EM 一般規格の EM50082 の場合を例に示すと，放射電磁界試験ではいっさいの誤動作や性能劣化は許されず，静電気放電試験およびファーストトランジェント・バースト試験では，試験中の一時的な性能劣化のみ許されるとされている。

〔***1***〕 **静電気放電試験**　　人体に帯電した電荷が試験対象機器に対して放電されることを想定した試験である。**図 *6.10*** に示すような試験環境で，試験対

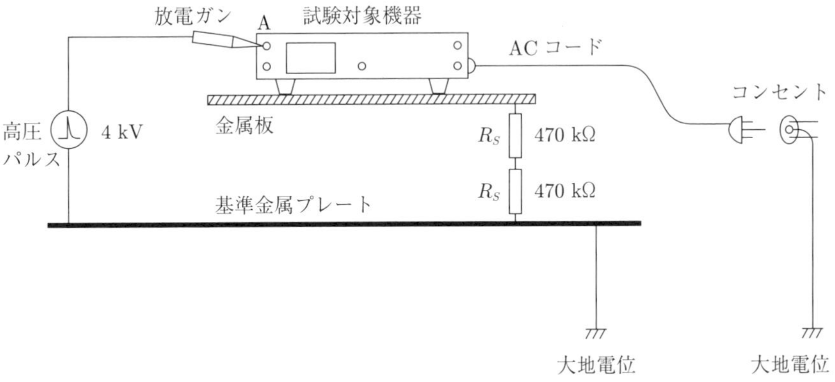

図 ***6.10***　静電気放電試験（引用元：鈴木茂夫『EMC と基礎技術』工学図書，p.97，図 6-8）

象機器のすべての露出金属部分へ試験電圧が印加される。試験電圧は，接触放電の場合 4 kV，間接的な放電（気中放電）の場合 8 kV である。

〔*2*〕 **放射電磁界試験**　この試験は，外部から電磁波を受けることを想定した試験である。図 ***6.11*** に示すように，試験対象機器から 3 m 離れた位置に送信アンテナを設置し，試験対象機器が設置された場所の電界強度が定められた値になるように送信電力を調整したうえで，試験対象機器の動作に異常がないか評価される。

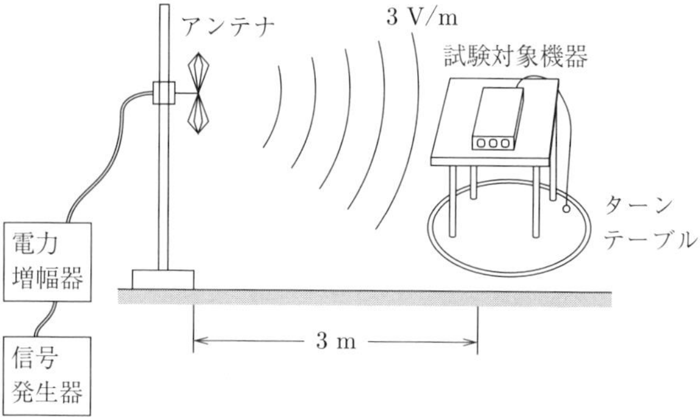

図 ***6.11***　放射電磁界試験（引用元：鈴木茂夫『EMC と基礎技術』工学図書，p.98，図 6-9）

〔*3*〕 **ファーストトランジェント・バースト試験**　試験対象機器に対し，外部機器のスイッチングによって発生するトランジェント的な干渉を想定した試験である。図 ***6.12*** に示すような信号を電源ラインや入出力信号線などに印加して機器の動作を評価する。印加電圧は，表 ***6.2*** に示すように 5 段階に設定されている。このほか

- サージ
- 伝導性無線障害
- 電源高調波とフリッカー

などの試験も実施されるが，ここでは説明を割愛する。

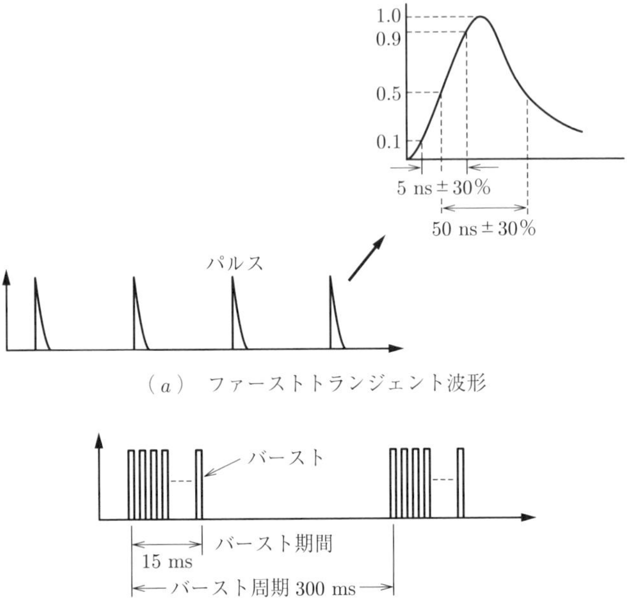

(*a*)　ファーストトランジェント波形

(*b*)　バースト信号

図 6.12　電源ラインに印加する信号の波形（引用元：鈴木茂夫『EMC と基礎技術』工学図書，p.100，図 6-11 を一部修正）

表 6.2　ファーストトランジェント・バースト試験の試験電圧（引用元：鈴木茂夫『EMC と基礎技術』工学図書，p.96，表 6-1 を一部修正）

開回路出力試験電圧 ±10%		
レベル	電源線に対して	入出力信号，データおよび制御線に対して
1	0.5 kV	0.25 kV
2	1 kV	0.5 kV
3	2 kV	1 kV
4	4 kV	2 kV
X	Special	Special

レベル X はオープンクラスとなっており，製品仕様書で規定できる。

演習問題

【1】 50 Ω の伝送路に 75 Ω の負荷を接続するとき，反射係数と VSWR はいくらになるか。

【2】 ヘテロダイン変換方式周波数カウンタにおいて，PLL の出力周波数 f_{Lo} が 1.5 GHz のとき，ミキサに接続されたローパスフィルタから出力される周波数 f_{IF} が 100 MHz であった。被測定信号の周波数はいくらか。

【3】 EMC，EMI，EMS とはそれぞれどのようなものか。

7

雑音源と信号

計測を行う場合，雑音をいかに除くことができるかが，一つのポイントになる。そのためには，雑音の発生メカニズムからその特徴を理解し，それを利用して除去する必要がある。また，雑音が混入しない対策も重要となる。そして，計測システムが雑音にどれだけ耐性があるかの評価も必要となる。ここでは，雑音の発生メカニズム別の分類と，雑音と信号の評価について述べる。

7.1 雑　　音　　源

雑音は**ノイズ** (noise) ともいわれ，「所望する信号以外の不要な信号」であり，それ自体のさまざまな発生メカニズムによる情報を含んでいる。例えば，多くの人が会話をしている喫茶店の場合，自分の話し相手以外の会話にも情報が含まれている。しかし，自分たちの会話以外は，たがいの情報の伝達の妨げとなるため，不要であり雑音となる。このように，所望する信号が決まってはじめて雑音が定義される。雑音には計測機器などの内部で発生する内部雑音と，外部から混入する外部雑音がある。また，発生するメカニズムがランダムなものやゆらぎに起因するものなどさまざまあり，周波数特性から色になぞらえて分類されることもある。雑音の特徴がわかればそれを除く手法が考えられる。そこで，ここでは各種雑音の特徴を述べる。

7.1.1　内部雑音と外部雑音

使用する測定装置の内部で発生する雑音を**内部雑音** (inherent noise, internal

noise）と呼び，測定装置以外の外部から混入する雑音を**外部雑音**（exterior noise, external noise）と呼んで分類する。内部雑音は使用する回路や素子によりある程度原因が特定できるのに対し，外部雑音は使用する環境に大きく依存する。

7.1.2　統計的性質による分類

規則的な信号など，信号が発生する出力のタイミングがつねに予測できる確定的な現象が計測対象となる場合が多い。これに対し，信号の発生するタイミングが予測できず，時間的にランダムになる現象を**確率的現象**（probabilistic phenomenon, stochastic phenomenon）という。雑音の多くがこれに当たり，この場合は，信号の性質を統計的に扱う。なお，規則的な現象により生じる不要な信号を単に雑音と呼ぶのに対して，時間的にランダムに生じる雑音を特に**ランダム雑音**（random noise）と呼んで区別する場合がある。

7.1.3　周波数特性による分類

雑音発生メカニズムにより，周波数特性が異なる。この場合，周波数特性を色にたとえて呼び名を付け（カラードノイズ）分類している。まったくランダムにインパルス状の信号が発生する場合，その周波数特性は周波数に依存しない平坦な特性となる。それは，強調される周波数（色）がないため**白色雑音**（white noise, ホワイトノイズ）と呼ばれる。これに対して，雑音源の特性から特定の周波数帯が強調される雑音がある。代表的なものとして，自然界に広く観測される $1/f$ ゆらぎに起因する **$1/f$ 雑音**（pink noise, **ピンクノイズ**）がある。これは，周波数の減少とともに雑音の電力が増加する特性をもつ。また，広くは $1/f^a$, $0 < a < 2$ を満たす，あるいは 1 に近い場合も $1/f$ 類似のノイズとして扱われる場合がある。ゆらぎはさまざまな現象，例えば，風，川の流れ，心臓の拍動などの自然現象や生体現象に加え，物質の電気抵抗値にも生じ，抵抗器の抵抗値，接触抵抗や半導体素子の抵抗などにおいて雑音の原因となり，特に直流を含む低周波領域での計測の際に問題となる。このほかに，強調される周波数帯によって，ブラウン，ブルー，パープルなどの色が付いた呼び名の雑音

がある。

7.1.4　発生メカニズムによる分類

〔*1*〕 **熱　雑　音**　熱雑音（thermal noise）は電子や分子の熱によるランダムな運動によって生じ，抵抗や導体に代表される受動素子すべてに存在する。熱雑音はその発見者からジョンソン雑音，理論解析者からナイキスト雑音とも呼ばれる。熱雑音は，電源を入れて電流を流さなくても，また特に高温でない室温であっても，絶対零度より高い温度であればつねに発生している。その振幅や位相が不規則であることから，不規則雑音（ランダム雑音）とも呼ばれ，瞬時値を予測できないので統計量により性質が表される。例えば，熱雑音の振幅分布はガウス分布（正規分布ともいう）をしており，ガウス雑音（Gaussian noise）とも呼ばれ，その振幅の瞬時値は，99.7%の時間はその標準偏差（実効値に等しい）の ±3 倍以内になる。以下に正規分布の式を示す。

$$P(x) = \frac{1}{\sigma\sqrt{2\pi}} e^{\frac{-(x-\mu)^2}{2\sigma^2}} \tag{7.1}$$

ここで，σ は分散，μ は平均を示し，x を振幅とすれば，式 (*7.1*) は図 **7.1** に示すようなガウス雑音の振幅が生じる確率密度関数（振幅分布）を表す。

熱雑音の有能電力 N_t は次式により与えられる。

$$N_t = kT\Delta f \tag{7.2}$$

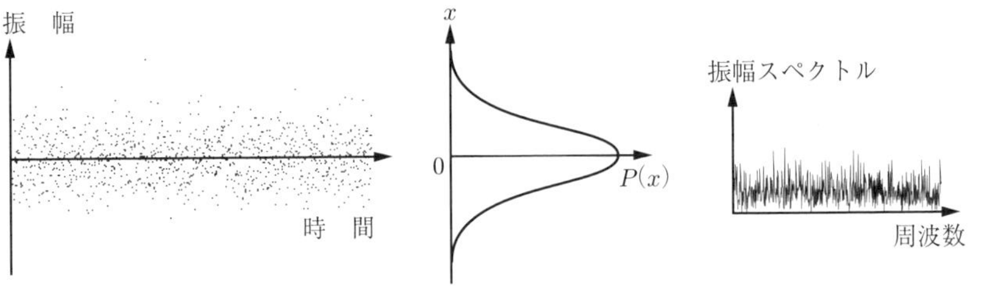

（*a*）　ガウス雑音の例　（*b*）　確率密度関数（振幅分布）　（*c*）　ガウス雑音の周波数特性

図 ***7.1***　正規分布とガウス雑音

ここで，k はボルツマン定数（1.38×10^{-23} J/K），T は絶対温度，Δf は測定系の帯域幅である。式 (7.2) が周波数に依存しないように，その周波数領域での振幅は周波数によらず一定で，帯域幅全体に均一に分布しており，白色雑音に分類される。熱雑音は式 (7.2) から絶対温度 T と測定系の帯域幅 Δf に比例することがわかる。このことから，できるだけ温度を低く抑え，なおかつ，必要最小限の帯域で計測を行う必要があることがわかる。例えば，帯域を 10 分の 1 にすると，熱雑音の電力は 10 分の 1 になり，振幅は $\sqrt{1/10} \approx 1/3$ になる。

コーヒーブレイク

ガウス雑音のシミュレート

各種ソフトによりガウス雑音をシミュレートできる。以下に Mathematica（Ver.10.3）による記述例を示す。図 **7.1** は，これにより作成した。`NormalDistribution` は正規分布を，`PDF` は確立密度関数を表し，変数 x に対して正規分布になる関数 `nordisx` を構成している。また，`Random` は乱数を示し，`Random[ndis]` は振幅が正規分布となるランダムな信号を生成している。

```
ndis=NormalDistribution[0, 1];
nordisx=PDF[ndis, x];
Plot[nordisx, {x, -4, 4}]
noiz1=Table[Random[ndis], {10000}];
ListPlot[noiz1, Joined->False, PlotRange->{{0, 10000}, {-5, 5}}]
```

〔**2**〕 **ショット雑音**　半導体デバイスや真空管などにおいて発生する，電流が荷電粒子の移動に起因する不規則雑音を，ショット雑音（shot noise）という。ショット雑音は熱雑音と同様に白色雑音の性質をもっており，雑音電力は周波数に依存せずその帯域幅に比例する。ショット雑音電流の実効値 I_{sh} の二乗は，電子の電荷量 q（$= 1.60 \times 10^{-19}$ C），直流電流 I_{DC}，測定系の帯域幅 Δf に比例し，つぎのように表される。

$$I_{sh}{}^2 = 2qI_{DC}\Delta f \tag{7.3}$$

7.2 信号と雑音の評価

ここでは，センサや装置から得られた信号や，ある装置を通した信号にどの程度の雑音が含まれているか，あるいは，ある装置で雑音に埋もれず計測できる信号の範囲はどの程度であるかなど，信号の質を雑音に関連して定量的に評価する指標について述べる。

7.2.1 SN比

信号の雑音に対する大きさを**SN比**（signal to noise ratio）といい，信号の質を表す一つの指標として用いられ，大きいほど信号が良質であることを表す。SN比は「エスエヌ比」と読み，「S/N」「SN ratio」「SNR」などとも記す。しかし，「S/N比」と書くのは「/」が比を意味するので，比が二重になり間違いである。SN比は信号がノイズの何倍かを表すので，単位は〔倍〕あるいはデシベル〔dB〕で表され，以下の式のように定義される。

$$S/N \equiv \frac{\text{信号電力}}{\text{雑音電力}}\,〔倍〕, \quad S/N \equiv 10\log_{10}\frac{\text{信号電力}}{\text{雑音電力}}\,〔dB〕 \tag{7.4}$$

単位としては〔倍〕よりも，人間の感覚に近い〔dB〕表示がよく使われている。

いま，**連続信号**（continuous signal）の場合，負荷と整合がとれ，反射がないと仮定するなら，以下のように変形できる。

$$\begin{aligned} S/N &\equiv 10\log_{10}\frac{\text{信号電力}}{\text{雑音電力}} = 10\log_{10}\frac{\text{信号電圧}^2/\text{負荷抵抗}}{\text{雑音電圧}^2/\text{負荷抵抗}} \\ &= 20\log_{10}\frac{\text{信号電圧}}{\text{雑音電圧}}\,〔dB〕 \end{aligned} \tag{7.5}$$

これは，SN比の**瞬時値**（instantaneous value）を表している。

一方，**孤立波**（solitary wave）や**単一信号**（single signal）の場合，そのSN

比は信号と雑音のエネルギーの比で示され，次式のように表現することができる。

$$S/N \equiv 10\log_{10}\left(\frac{\displaystyle\int_a^b P_s(t)dt}{\displaystyle\int_a^b P_n(t)dt}\right) \tag{7.6}$$

このとき，$P_s(t)$，$P_n(t)$ は信号および雑音の瞬時電圧と瞬時電流を掛けた瞬時電力であり，a〜b は信号の存在する時間範囲，あるいは観測時間の範囲を示す。

以下，観測の際のSN比について実例により考えてみよう。雑音の含まれた正弦波の場合は式 (7.5) により信号の質を示せばよい。また，単一信号はエネルギーによる定義式 (7.6) により信号の質を示すことができる。例えば，**図 7.2** に示すように，オシロスコープで雑音を含む持続時間が短い繰り返し信号を観測する場合，観測窓を変化させると信号を捉えやすくなる。信号は繰り返し信号となっており，パワーによる定義式 (7.4) が適用されるため，観測窓を変化させても信号の質は変化しないはずである。それはなぜか考えてみよう。オシロスコープで観測する場合，画面が観測窓となり，時間軸の拡大縮小により観測窓の幅を変えることになる。このとき，電力の定義式は，以下のように示される。

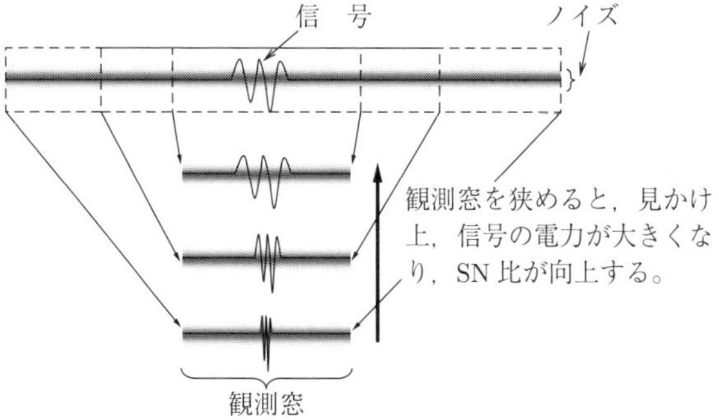

図 7.2　オシロスコープなどの観測窓によるSN比の変化

$$P = \frac{1}{T}\int_0^T e(t)i(t)dt \tag{7.7}$$

式 (7.7) の T が見かけ上，観測窓の時間幅となり，T に応じて信号電力が変化することになる。これに対して，雑音は観測窓の幅に関係なく電力が一定のため，時間軸の拡大により信号電力が見かけ上増え，オシロスコープの画面上では等価的に SN 比が向上するためである。

つぎに，SN 比を計測値から求める際に注意すべき点を実例により考えてみよう。通常，われわれは雑音が加わった信号を計測する。それに加え，信号がない場合の雑音のみを計測できる場合，これらの比をとり SN 比を求める場合がある。このとき，(信号電力 + 雑音電力)/雑音電力を求めていることになる。SN 比が高い場合は，SN 比の演算との違いを無視できるのに対し，SN 比が低い場合は，厳密な意味での SN 比と異なるので注意が必要である。例えば，本来の信号と雑音の電力が等しい場合，SN 比は 0 dB となるのに対し，計測される信号には雑音も加わるため倍の電力となり，上記の処理により求めた値は 3 dB になる。

このように SN 比が低いときに厳密な意味での SN 比を求めたい場合，計測系全体が線形と仮定できるとき，信号電力 = 計測信号電力 − 雑音電力の関係を用いて計算すればよい。

コーヒーブレイク

エネルギーとパワーの違い

エネルギーは「信号のすべての力」であり，パワーは「単位時間当りのエネルギー」である。例えば，地震のようにある時間内のみに現象が限られる場合，その現象のもつ力すべてを集めてエネルギーで表すことができる。これに対して，現象が継続的な場合，継続する限りエネルギーは増え続けてしまう。この場合には，単位時間当りのエネルギーであるパワーを用いて現象のもつ力を表す。つまり，永遠に継続することはまずないが，比較的長い時間継続するとして，連続信号の場合はパワーを，単一信号の場合はエネルギーを扱う。

7.2.2 雑音指数

ある回路を信号が通ると，どの程度 SN 比が劣化するかを示す指標として，**雑音指数**（noise figure）がある。これは，「装置の単位帯域幅当りの有能雑音電力と，入力端子に実際に接続されている信号源によって生じる雑音出力の比を，標準温度 290 K において測定したもの」と定義され，**図 7.3**（a）に示す入出力の関係のとき，次式のように表される。

$$
\begin{aligned}
NF &\equiv \frac{\text{全有能出力雑音電力}}{\text{信号源によって生じる入力雑音電力}} = \frac{\text{入力の SN 比}}{\text{出力の SN 比}} \\
&= \frac{S_{\mathrm{IN}}/N_{\mathrm{IN}}}{S_{\mathrm{OUT}}/N_{\mathrm{OUT}}} \\
&= \frac{S_{\mathrm{IN}}}{S_{\mathrm{OUT}}} \cdot \frac{N_{\mathrm{OUT}}}{N_{\mathrm{IN}}} = \frac{N_{\mathrm{OUT}}}{GkT\Delta f} \qquad (7.8)
\end{aligned}
$$

ここで，G は増幅器の利得，入力雑音は熱雑音とし $N_{\mathrm{IN}} = kT\Delta f$，$k$ はボルツマン定数，T は絶対温度，Δf は帯域幅である。また，増幅器が発生する雑音を N_{e} とすれば，$N_{\mathrm{OUT}} = GN_{\mathrm{IN}} + N_{\mathrm{e}}$ となり，$NF = (GkT\Delta f + N_{\mathrm{e}})/(GkT\Delta f)$

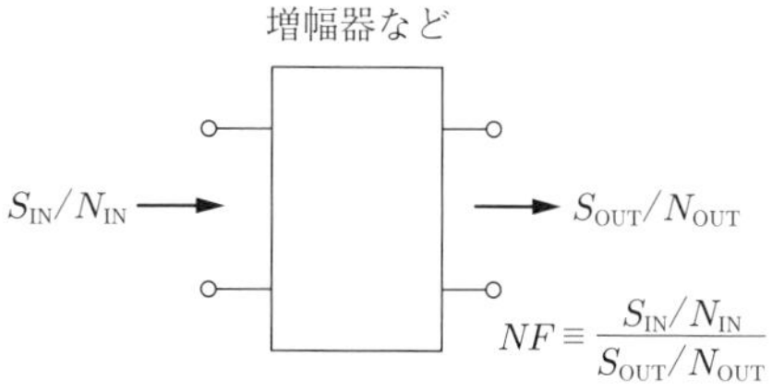

（a） 雑音指数の定義

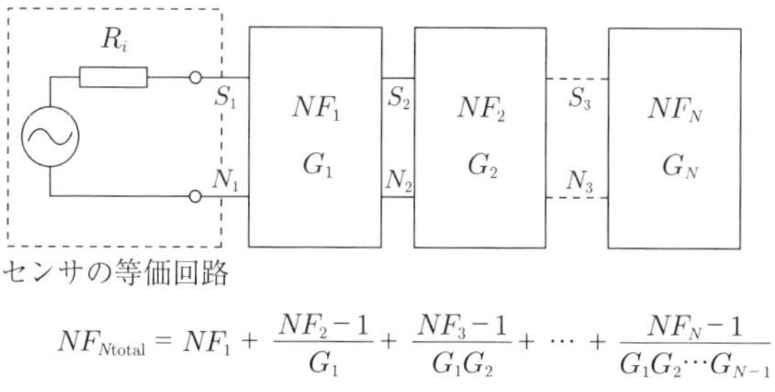

（b） 増幅器を多段接続したときの雑音指数

図 **7.3** 雑音指数

と表現できる。通常，一つの回路を通った信号の SN 比は，回路において雑音がまったく入らないか混入するかのどちらかであるため，入力信号の SN 比と同じかそれより劣ることになる。つまり，出力の SN 比が入力の SN 比を超えてよくなることはない（入力の $S/N \geqq$ 出力の S/N）ので，NF は 1 以上の値をとる。これは，NF の値が 1 に近い小さい値のほうが回路での雑音の混入が少ないことを表している。つまり，$NF = 1$ が理想となり，このとき，回路において雑音がまったく混入しないことを表している。雑音指数自体は SN 比と同様の理由により対数をとり，〔dB〕で表されることが多い。しかし，式 (7.8) 中の SN 比の値には対数をとらない値を代入する点に注意が必要である。

つぎに図 **7.3**（*b*）に示すように，それぞれ個々の雑音指数が NF_1，NF_2，…，NF_N，利得が G_1，G_2，…，G_N で表される増幅器が N 段に接続された場合を考える。

図 **7.3**（*b*）の 2 段目の出力におけるトータルの $NF_{2\mathrm{total}}$ は，つぎのようになる。

$$
\begin{aligned}
NF_{2\mathrm{total}} &= \frac{S_1}{S_3}\cdot\frac{N_3}{N_1} = \frac{S_1}{G_2S_2}\cdot\frac{G_2N_2+N_{\mathrm{e}2}}{N_1} = \frac{S_1}{S_2}\cdot\frac{N_2}{N_1}+\frac{S_1}{S_2}\cdot\frac{N_{\mathrm{e}2}}{G_2N_1}\\
&= \frac{G_1kT\Delta f+N_{\mathrm{e}1}}{G_1kT\Delta f}+\frac{1}{G_1}\cdot\frac{G_2kT\Delta f+N_{\mathrm{e}2}-G_2kT\Delta f}{G_2kT\Delta f}\\
&= NF_1+\frac{NF_1-1}{G_1} \qquad (7.9)
\end{aligned}
$$

ここで，$N_{\mathrm{e}1}$ と $N_{\mathrm{e}2}$ はそれぞれ 1 段目と 2 段目の増幅器が発生する雑音である。同様に，増幅器が N 段に接続された場合のトータルの雑音指数 $NF_{N\mathrm{total}}$ は，つぎの式により与えられる。

$$
NF_{N\mathrm{total}} = NF_1+\frac{NF_2-1}{G_1}+\frac{NF_3-1}{G_1G_2}+\cdots+\frac{NF_N-1}{G_1G_2\cdots G_{N-1}} \qquad (7.10)
$$

通常，増幅器の利得は数百以上あるため，式 (7.10) の第 2 項以降に比べ初段の増幅器の雑音指数が大きく影響することがわかる。つまり，初段の増幅器にできるだけ雑音が少なく利得の高い増幅器を用いるのが望ましい。

7.2.3 等価雑音電力

センサの雑音の度合いを評価する指標として，**雑音等価電力**（noise equivalent power：NEP）があり，等価雑音電力，雑音等価パワー，ノイズ等価電力とも表現される。これは，無入力時の出力を単位帯域幅当りの入力パワーに換算したものであり，次式で示される。

$$NEP \equiv \frac{W_{\text{IN-NOISE}}}{\sqrt{\Delta f}} = \frac{E_{\text{OUT-NOISE}}}{D\sqrt{\Delta f}} \text{〔W/}\sqrt{\text{Hz}}\text{〕} \tag{7.11}$$

ここで，Δf はセンサを使用する周波数帯域，$W_{\text{IN-NOISE}}$ は入力のない状態で雑音のみの出力 $E_{\text{OUT-NOISE}}$ を得るための見かけ上の入力パワーであり，D はセンサの感度（$= E_{\text{OUT}}/W_{\text{IN}} =$ 出力/入力パワー）である。言い換えると雑音等価電力は，センサに入力がなくても出力される雑音出力に等しい信号出力を与える入力信号の大きさといえ，つまり，雑音出力を超えて信号の出力を得るための境界の入力信号の大きさを表す。このことから，雑音等価電力の逆数が**検出能**（detectivity）を表す。雑音等価電力の小さいセンサほど低雑音，高感度といえる。同種のセンサでも検出器の面積が変わったり使用する周波数帯域が変わったりすると，異なる値となる。

7.2.4 ダイナミックレンジ

ダイナミックレンジ（dynamic range）は，測定装置により測定可能な範囲を表し

$$\text{ダイナミックレンジ} \equiv 20\log_{10}\frac{\text{測定できる最大レベル}}{\text{測定できる最小レベル}} \text{〔dB〕} \tag{7.12}$$

と定義される（**図 7.4**）。測定できる最大レベルは測定装置の耐圧や電源電圧により制限を受け，測定できる最小レベルは測定装置の最小感度と雑音により制限を受ける。最小感度より雑音が大きくなると，最小レベルは雑音により制限されることになる。また，測定装置の前段に増幅器や減衰器を用いると，雑音の振幅と最小感度の関係から測定器のダイナミックレンジが変化する。

具体的には，減衰器を用いる場合は，雑音も減衰させられるため，雑音の振幅を最小感度と同等かそれより小さくできれば，測定装置のダイナミックレン

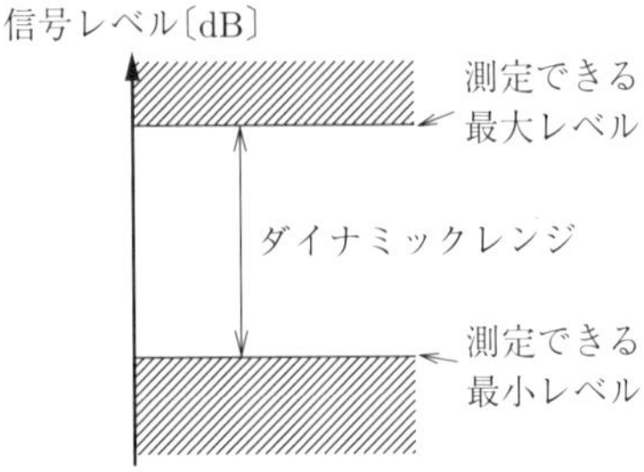

図 **7.4**　ダイナミックレンジ

ジを最大限活用できる。これに対し，増幅器を用いる場合，信号と同時に雑音も増幅させられる。このため，測定できる最小レベルを雑音レベルが超える場合には，測定できる最小レベルが雑音により決まることになり，ダイナミックレンジが制限される。

以上，SN 比は信号の「質」を，ダイナミックレンジは測定装置の「性能」を示し，信号の SN 比とダイナミックレンジが密接に関連することがわかる。

演　習　問　題

【1】 熱雑音，ショット雑音の発生原因とおもな発生源について述べよ。

【2】 ノイズが多い状態で微弱な孤立波をオシロスコープにて観測する際の望ましい手順を示せ。

【3】 多段増幅する際に雑音の観点から気を付けるべき点を述べよ。

【4】 SN 比とダイナミックレンジの関係を説明せよ。

8

信号の伝送と雑音対策

本章では，雑音をできる限り減らしてセンサから信号を効率よく取り出し，それを，できる限り雑音が混入しないように，かつ，波形の形や大きさを変えずに伝送するために必要な点について述べる。

8.1 信号源としてのセンサ

種々の物理量を電気量に変換するセンサについては **2** 章で述べたが，ここでは，センサで発生した信号を効率よく取り出すために，センサを**信号源**（signal source）として考える。そして，その信号源と負荷の関係から，信号を効率よく取り出すために注意すべき点を理解する。

8.1.1 理想信号源と実際の信号源

信号源から電圧のかたちで信号を取り出す場合（電圧源）と電流のかたちで信号を取り出す場合（電流源）に分けて考える。まず，電圧源の場合を考える。出力電圧が端子条件（端子の接続状態）によって変化しないのが理想電圧源である。記号は，交流でも直流でもよい場合は図 ***8.1***（a）のように，一定電圧（直流の一部）を表す場合のみ図（b）のように描く。いま，抵抗 R_L を接続したとき，その大きさに関係なく電源電圧 V と抵抗の両端の電圧 V_L は等しく，$R_L = 0$（端子をショートする）となっても $V_L = V$ でなくてはならない。そのためには電流 $I = \infty$ でなくてはならず，現実には存在しえないのがわかる。実際の電源は図（c）のように内部インピーダンス Z_0（$= R_0$：一定電圧の場

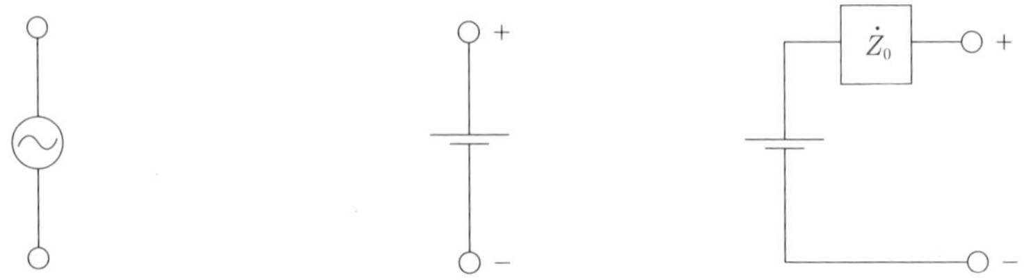

（a）交流，直流両用の電圧源記号　（b）一定電圧の電圧源記号　（c）実際の電圧源

図 **8.1**　理想電圧源の記号と実際の電圧源

合）をもつため，電流の大きさに比例して端子電圧が低下する。

つぎに電流源の場合を考える。出力電流が負荷によらず一定であるのが理想電流源である。記号は，交流でも直流でも区別なく図 **8.2**（a），（b）のように描く。電流源に接続した抵抗 R_L を大きくしても電流が一定ということは，端子を解放状態にしても一定の電流が流れているということで，端子電圧は無限大となり，理想電流源も現実には存在しない。実際の電流源は図（c）のように内部インピーダンス Z_0 をもつため，負荷抵抗を大きくしていくと流れる電流が小さくなる。

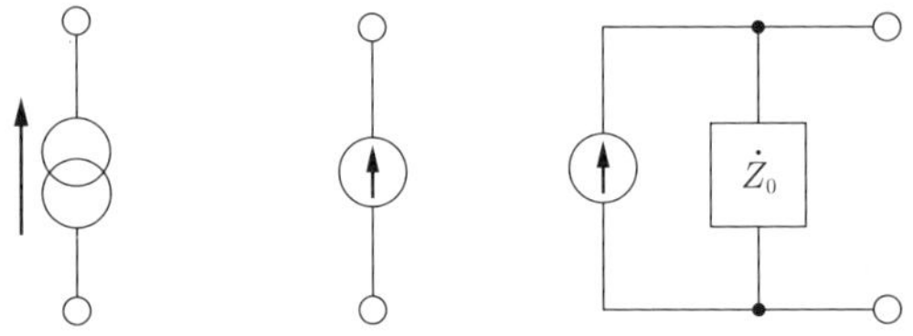

（a）記号 1　（b）記号 2　（c）実際の電流源

図 **8.2**　理想電流源の記号

8.1.2　インピーダンスマッチング

信号源のインピーダンスと負荷のインピーダンスが大きく異なると，信号源からの電力が反射し，負荷に伝わらない。いま，図 **8.3** に示されるように，信号源が電圧源で示され，信号源インピーダンスが R_0 の場合，信号源から負荷 R_L に供給される電力 P_L が最大となる条件を求めてみよう。

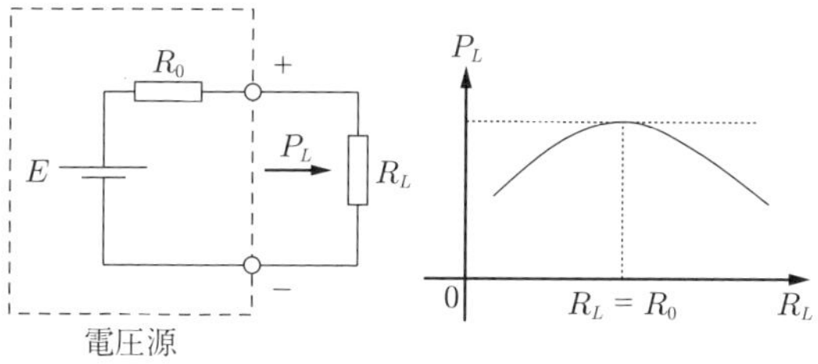

図 ***8.3***　実際の電圧源の等価回路例と有能電力

P_L は以下の式により求まる。

$$P_L = \frac{V_L^2}{R_L} = \frac{1}{R_L}\left[\frac{R_0}{R_0 + R_L}\right]^2 E^2 = \frac{R_L}{(R_0 + R_L)^2}V^2 \qquad (8.1)$$

P_L の最大を求めるには P_L を R_L で偏微分し，それが 0 になる条件を求める。

$$\frac{\partial P_L}{\partial R_L} = 0$$

つまり

$$\frac{\partial P_L}{\partial R_L} = \frac{\partial}{\partial R_L} \cdot \frac{R_L}{(R_0 + R_L)^2}E^2 = 0$$

を解くと

$$R_0 = R_L$$

となる。したがって，負荷抵抗が信号源インピーダンスと等しいとき，電力は信号源から取り出せる最大のものとなる。それを**有能電力**（available power）あるいは**最大供給電力**（maximum supply power）といい，以下の式で表される。

$$P_a = \frac{E^2}{4R_0} \qquad (8.2)$$

信号源インピーダンスが $Z_0 = R_R + jR_i$ で表される場合には，負荷が複素共役 $Z_L = R_R - jR_i$ のときに最大となる。このように最大の電力を信号源から取り出せるよう，信号源インピーダンスと負荷を合わせることを**整合**（インピーダンスマッチング，impedance matching）という。したがって，センサからの微弱な信号を取り出す際は，後段に接続する増幅器の入力インピーダンスをセンサの内部インピーダンスと合わせる注意が必要である。なお，高周波信号が伝搬する際の整合については，**6.2** 節で述べているので参照してほしい。

図 **8.4** に示すように，増幅器の出力にオシロスコープを接続する場合を考えてみよう。同軸ケーブルでの接続を前提にした場合，同軸ケーブルの特性インピーダンスは 50 Ω（DC〜30 MHz 対応の規格：3C-2V），70 Ω（DC〜数 GHz 対応の規格：3D-2V）なので，アンプの出力インピーダンスもそれに合わせて 50 Ω あるいは 70 Ω で設計されている[†]。

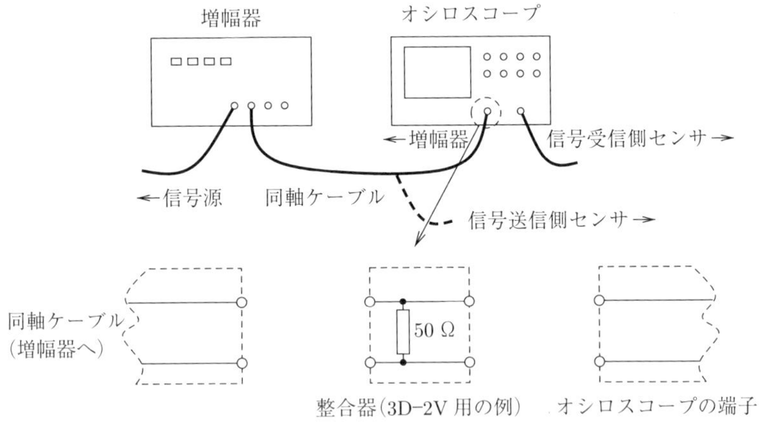

図 **8.4**　増幅器と負荷の整合（マッチング）

アンプの出力を同軸ケーブルでオシロスコープの入力に直接接続すると，オシロスコープの入力インピーダンスは大きく（通常 1 MΩ）設計されているため，信号側とは整合がとれず，アンプの動作特性が保証されない。このため，信号の正確な計測ができない。信号を送信するセンサを接続した場合でも，センサの内部インピーダンスが 50 Ω（あるいは 70 Ω）でないと同様に整合がとれない。対策として，オシロスコープの入力端子に 50 Ω あるいは 70 Ω の抵抗を並列に接続させた構造をもつ，図 **8.5** に示すような整合器（matching box）を入れる。信号を出力する側には図のように熱を外部に放射する構造をもつ高電力に耐えられるものを用いる。これにより，アンプは正常に動作することができる。

† なお，同軸ケーブルでの伝送は，厳密には **6.2** 節に述べている高周波信号の伝搬を考慮する必要がある。ここでは，電源の内部抵抗のように集中定数に置き換えて扱う。

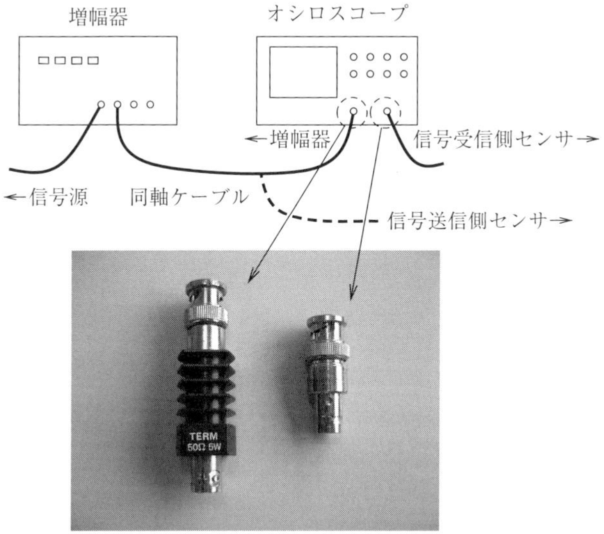

図 **8.5**　整合器の例と使用法

計測用センサ側では，センサの内部インピーダンスに合った整合器を入れる必要がある。しかし，必ずしもセンサの内部インピーダンスに合った整合器が市販されていないため，センサの内部インピーダンスに整合するよう素子を入れ替えるか，市販の整合器を付けた場合と付けない場合の特性をあらかた調べて，どちらにするか決めるとよい。

オシロスコープの入力インピーダンスは，1 MΩ に加え，並列に 15 pF 程度の容量分がある。このため，10 MHz 程度の高周波を入力すると，振幅が小さく見えることになる。この端子に 10 : 1 のプローブを接続すると，入力インピーダンスは 10 MΩ に増え，負荷効果（オシロスコープが負荷となり，信号が変化してしまう現象）を抑えることができ，また，容量分も等価的に減少させ，高周波特性を向上させることができる。このため，電子回路の一部の信号を取り出す場合には，10 : 1 のプローブを使用するのが望ましい。また，プローブを接続すると，プローブは単なるシールド線により接続されているため，その長さによる L 分が発生する。これを相殺するため，数十 pF の可変コンデンサが接続されている。計測する周波数近辺の方形波出力をプローブで接続して観測し，方形波の角が丸くなったり，尖りすぎたりしないよう，**図 8.6** の写真に示すような BNC コネクタ付近に見えているねじをドライバで動かしてコンデンサの容量を調整すると，シールド線の L 分が相殺された状態になることは覚えておくとよい。

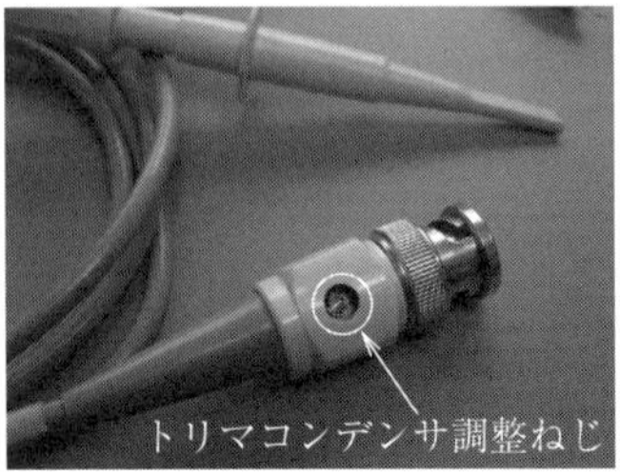

図 8.6　計測プローブの L 相殺用の可変コンデンサ

8.1.3　信号源インピーダンスと雑音

つぎに，信号源の内部インピーダンスと**浮遊インピーダンス**（stray impedance）を介して混入する雑音に関して考えてみよう。浮遊インピーダンスとは，導体間の静電結合による**浮遊容量**（stray capacity）のように自然に現れるインピーダンスのことである。**図 8.7** に示すように，浮遊インピーダンスで結合された雑音源が電圧源と内部抵抗に対して並列にある場合，端子電圧は**ミルマンの定理**（Millman's theorem）から以下のように示される。

$$\dot{V} = \frac{\dfrac{\dot{V}_S}{\dot{Z}_S} + \dfrac{\dot{V}_N}{\dot{Z}_N}}{\dfrac{1}{\dot{Z}_S} + \dfrac{1}{\dot{Z}_N}} = \frac{\dot{Z}_N\dot{V}_S + \dot{Z}_S\dot{V}_N}{\dot{Z}_S + \dot{Z}_N} = \frac{\dot{Z}_N}{\dot{Z}_S + \dot{Z}_N}\dot{V}_S + \frac{\dot{Z}_S}{\dot{Z}_S + \dot{Z}_N}\dot{V}_N \tag{8.3}$$

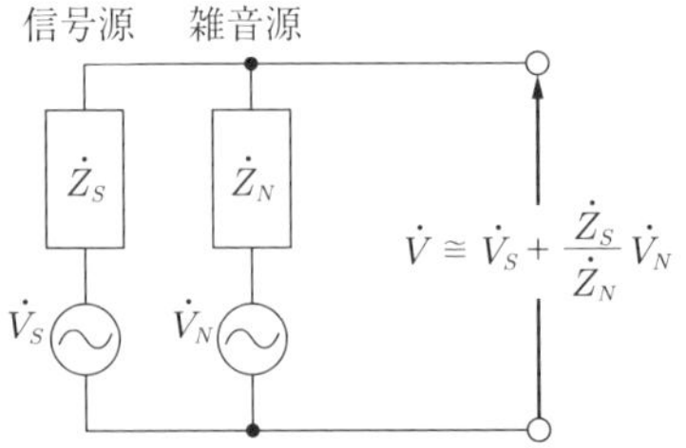

図 8.7　雑音が重なった信号の場合の等価回路

ここで，一般に $\dot{Z}_S \ll \dot{Z}_N$ なので

$$\dot{V} \cong \dot{V}_S + \frac{\dot{Z}_S}{\dot{Z}_N}\dot{V}_N \tag{8.4}$$

となる。このことから，信号源のインピーダンスが小さいほど式 (8.4) の第 2 項が小さくなり，雑音源の影響が少なくなることがわかる。

コーヒーブレイク

電源に関する定理

ここでは，電源に関する定理を思い出しておこう。

〔**1**〕 **鳳テブナンの定理**　電源の等価回路を求める際に用いる。電源が線形の場合，電源の開放電圧を $\dot{V}_\infty$，短絡電流を $\dot{I}_S$ とすれば，電源インピーダンス $\dot{Z}_0$ は

$$\dot{Z}_0 = \frac{\dot{V}_\infty}{\dot{I}_S} \tag{a}$$

と表される。入力インピーダンスが非常に高い装置（電子電圧計，オシロスコープなど）で端子間電圧を測定し，内部インピーダンスの非常に低い電流計で出力をショートした際の短絡電流を測定（過大な電流が流れる場合があるので要注意）すれば，内部インピーダンスを求められる。ただし，それぞれの計測器の内部インピーダンスが誤差の原因になることに注意する必要がある。

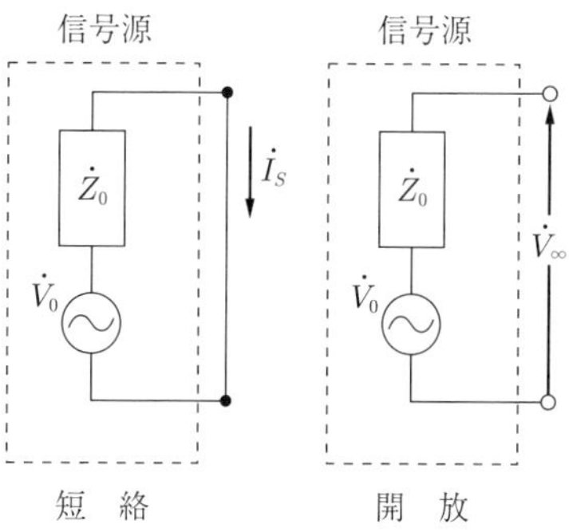

鳳テブナンの定理

〔**2**〕 **ミルマンの定理**　多数の電源が並列に接続されているときの合成電圧と合成電源インピーダンスを求めるときに用いる。複数の電源が並列に接続されているとき，それぞれの電源のアドミタンスと電圧から，合成された電圧は以

下のように書くことができる。

$$\dot{V} = \frac{\dot{V}_1\dot{Y}_1 + \dot{V}_2\dot{Y}_2 + \cdots}{\dot{Y}_1 + \dot{Y}_2 + \cdots} \qquad (b)$$

また，合成されたアドミタンスは

$$\dot{Y} = \dot{Y}_1 + \dot{Y}_2 + \cdots \qquad (c)$$

で与えられる。

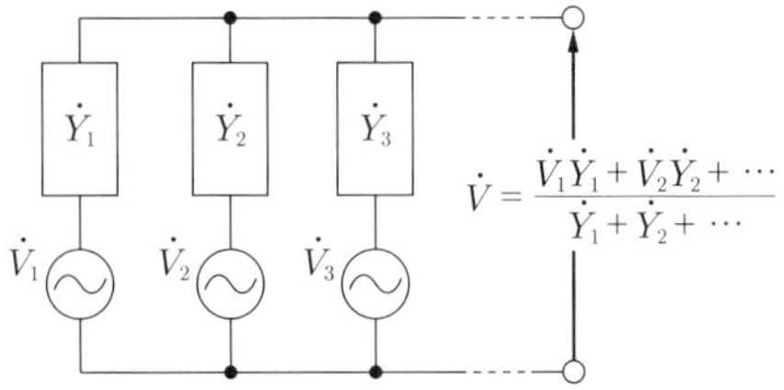

ミルマンの定理

8.2　計測信号の伝送と雑音対策

ここでは，信号源からの信号をできるだけ雑音が混入しないで伝送するために気を付けなければならない点，あるいは雑音を除去するために利用できる手法について述べる。

8.2.1　信号の伝送形態

信号を伝送する際，大きく分けてアナログとディジタル，有線と無線による手法がある。有線，無線いずれにしても，ディジタル信号，つまり，0と1の二つの状態を表す信号（通常は0を0V，1を任意の値の電圧）にして計測信号を伝送すれば，ある電圧以上を1，それ以下を0として認識させることができ，混入したノイズの影響を受けにくくできる。また，パリティチェックなどの手法により，エラーを検出し，間違った信号の伝送も防止できる。しかし，計測の場合，センサなどにより計測された信号をディジタル信号に変換する素子までは，どうしてもアナログ信号を有線で伝送することになる。そこでここでは，有線でのアナログ信号の伝送について，雑音の混入を極力抑えるために考慮しなければならない点を考えてみよう。

8.2.2 信号の変換

センサから発生する微弱な信号を，必要とする信号レベルまで増幅したり，微分，積分をすることにより求める信号を検出したりする場合，演算増幅器（operational amplifier）を利用すると便利である。これは，増幅率などの値を外付けの抵抗やコンデンサにより比較的簡単に設定できる。

図 8.8 に非反転増幅器（図（a）），反転増幅器（図（b）），微分回路（図（c）），積分回路（図（d）），電流–電圧変換回路（図（e）），電圧–電流変換回路（図（f）），ボルテージフォロア（図（g））の例を示す。図（d）では，コンデンサ C に蓄えられた電荷を放電するスイッチ操作が必要となる。これは電子的にも機械的にも実現するのが厄介なため，スイッチの代わりに放電用の抵抗 R_2 を挿入し，一次遅れ回路として擬似的な積分動作を行わせることもある。また，図（c）の動作も不安定になるため，C に並列に抵抗 R_1 を入れ，擬似的な微分回路として使用する場合もある。これらの場合の出力の式は以下のようになる。なお，以下の式中の s はラプラス変換の s を示す。つまり，s を掛けると微分を表しており，$1/s$ を掛けると積分を表している。

- **疑似積分回路**

$$V_o = -\frac{R_2}{R_1}\cdot\frac{1}{1+sCR_2}V_i \tag{8.5}$$

$CR_2 \gg 1$ のとき

$$V_o \approx -\frac{R_2}{R_1}\cdot\frac{1}{CR_2}\cdot\frac{1}{s}V_i = -\frac{1}{CR_1}\int V_i dt \tag{8.6}$$

となり，積分回路と同じになる。

- **疑似微分回路**

$$V_o = -\frac{R_2}{R_1}(1+sCR_1)V_i \tag{8.7}$$

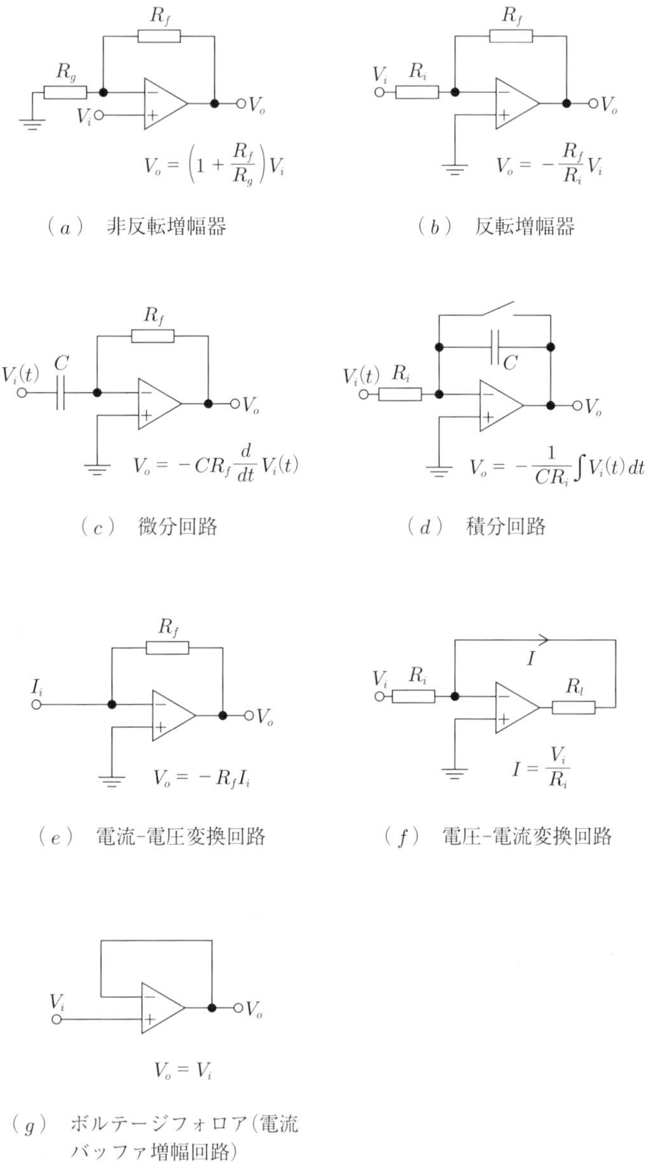

図 **8.8**　演算増幅器の利用例

$CR_1 \gg 1$ のとき

$$V_o = -\frac{R_2}{R_1} \cdot sCR_1 \cdot V_i = -CR_2 \frac{d}{dt} V_i \tag{8.8}$$

となり，微分回路と同じになる。

ボルテージフォロア（図（g））は電流バッファ増幅回路の役目を担い，電圧はそのままで後段を駆動する電流を供給すると同時に，前段と後段を電気的に分離する役割をもつ。これは，演算増幅器の入力インピーダンスが大きく，出力インピーダンスが小さい特性による。演算増幅器の IC に供給する電源電圧 $\pm Vcc$ が出力信号の最大振幅（厳密には内部の抵抗などによる電圧降下で若干低くなる）となる。つまり，＋の電源だけを接続し，－の端子をゼロ電位（接地端子とショート）とすると，＋側の信号のみを増幅，つまり半波整流することになる。

なお，携帯機器に搭載することを目的とした IC の中には，単一極性でも両極の増幅が可能なものもあるので，用途に合わせて選ぶようにする。演算増幅器の帯域と出力電圧（増幅率）はスルーレート〔V/μs〕により限界が示されている。これは，1 μs 当りの立ち上がり電圧を示しており，低い出力電圧の場合，帯域が広くとれ，出力電圧を高くする，つまり増幅率を大きくすると，それにつれ帯域が狭くなる。大きな増幅率で広帯域な増幅を行うには，高スルーレートの高速なオペアンプを使用することになる。

8.2.3 センサとインピーダンスマッチング

交流信号の場合，***8.1.2*** 項で述べたように，伝送路のインピーダンスを考慮しないと，信号源で発生した信号が反射し，効率よく伝送できない。このためセンサのインピーダンスと伝送系のインピーダンスの整合をとる必要がある。また，センサから発生する信号の多くは電圧であり，センサを駆動する物理現象から取り出しうるパワーは，測定系への影響を考えると大きくできない。このため，センサからは電圧値のみを取り出し，電流を取り出さないような回路が整合と同時に必要となる。***8.1.2*** 項では，装置どうしを同軸ケーブルで接続する際のインピーダンスマッチングのために，抵抗形の整合器を用いる手法を示した。

センサの場合も同様の手法がとれる。図 **8.9**（*a*）に示すように，前述のボルテージフォロアをセンサと伝送系の間に入れることで，伝送系を駆動する電流をボルテージフォロアから供給させれば，センサからは電圧値のみを取り出すことができ，正しい信号を伝送することができる。また，センサ側にセンサの内部抵抗と同じ抵抗値 R_i を並列に，負荷側に負荷抵抗と同じ抵抗値 R_l を直列に入れることにより，マッチングがとれる。なお，伝送路を同軸ケーブルとすれば，抵抗負荷（50 Ω あるいは 75 Ω）と見なせるため，同様にマッチングがとれる。これに対して，シールドケーブルなどのように，インピーダンス負荷

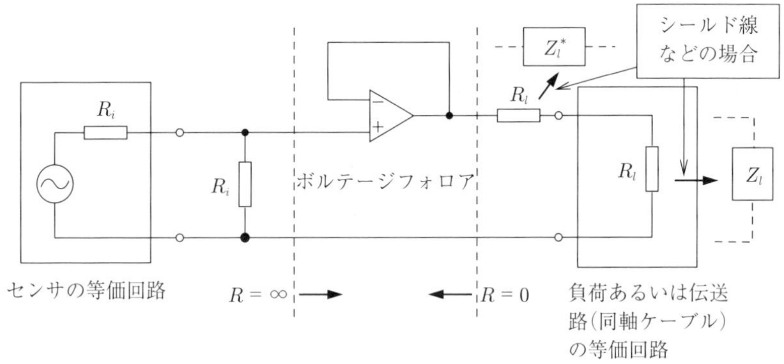

（*a*）　センサの近くにボルテージフォロアを置ける場合

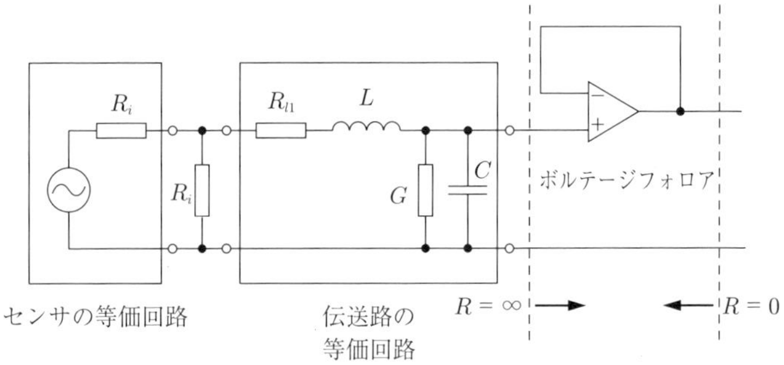

（*b*）　センサの近くにボルテージフォロアを置けない場合

図 **8.9**　センサとインピーダンスマッチング

となる場合には，それと共役（図中の記号 Z_l^*：実部は同じで，虚部の符号が逆）となるインピーダンスを入れてマッチングをとればよい。

センサを設置する条件によっては，センサの近傍でボルテージフォロアを接続することができない場合もある。この場合は，センサと伝送路の間にマッチング用の抵抗を並列に入れ，伝送路の後段にボルテージフォロアを入れる（図 **8.9**（*b*））。このとき厳密には，伝送系の等価回路にはセンサと並列にコンダクタンス成分（絶縁体の漏れ電流や誘電体損失に起因）が生じ，電流が流れることになる。通常，これは小さいので，ボルテージフォロアの入力段の高抵抗によりセンサからの電流を小さくできる。この電流が無視できない場合は，伝送路には同軸ケーブルやコンダクタンス成分の少ないシールド線を用い，できるだけ短くする。

8.2.4 ノーマルモード伝送とコモンモード伝送

信号を伝送する場合，2 本の電線を使用し，一方を行き，もう一方を帰りとして電送するノーマルモード（normal mode）と，1 本ないし数本の電線を行きとし，アースを帰りとして伝送するコモンモード（common mode）と呼ばれる伝送形態が考えられる。

図 ***8.10*** にノーマルモード伝送（図（*a*））とコモンモード伝送（図（*b*））の概念を示す。同軸ケーブルは外皮がシールドのため接地されているので，同軸ケーブルでの信号の伝送形態は，心線を行きとし，アース（シールドの外皮を含む）を帰りとして伝送することになる。よって，コモンモード伝送となる点

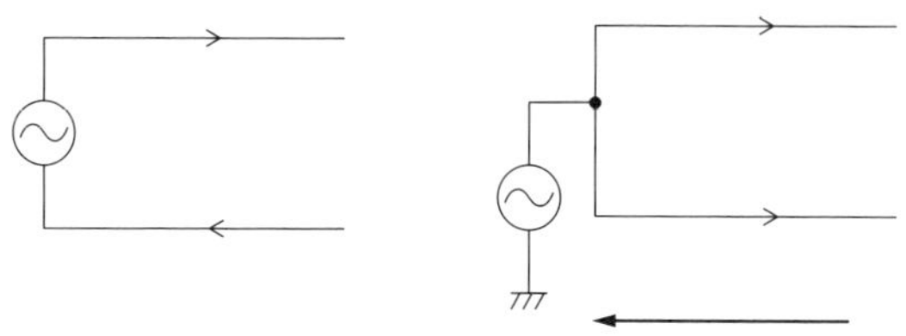

（*a*） ノーマルモード伝送　（*b*） コモンモード伝送

図 ***8.10*** 伝送モード

に注意が必要である。なお，シールド，接地とアースの詳細については，**8.3** 節を参照されたい。

8.2.5 コモンモード伝送する雑音の除去

通常ノーマルモード伝送を想定し2線による伝送を行う場合でも，筐《きょう》体（シャーシ：chassis，ケース：case）をアースすると，信号に加え雑音も2線を行き，アースを帰りとしたコモンモード伝送成分を生じる。

このようなコモンモードノイズを抑制するには，①コンデンサによる対策（2本の信号線とアース間にそれぞれコンデンサを接続し，ノイズをアースに落とす）や，②フェライトビーズによる対策（2本の信号線にそれぞれフェライトビーズを入れインダクタとして動作させ，ノイズに対してインピーダンスを高めて伝送しにくくする）が考えられる。しかし，これらは信号波形への影響が大きいという欠点がある。

こういった理由から，③コモンモードチョークコイル（common mode choke coil）を用いるのが一般的である。図 ***8.11*** にコモンモードチョークコイルの等価回路を示す。これは，磁性体に巻線を施したチョークコイル二つを一体化させた構造をもち，コモンモード電流が通ると磁性体に同じ向きの磁束が発生し，インダクタンス成分により電流が減衰される一方，ノーマルモード電流が流れると逆向きの磁束が発生して相殺されるため，インダクタンス成分は発生せず，導線と同様に伝送される原理による。

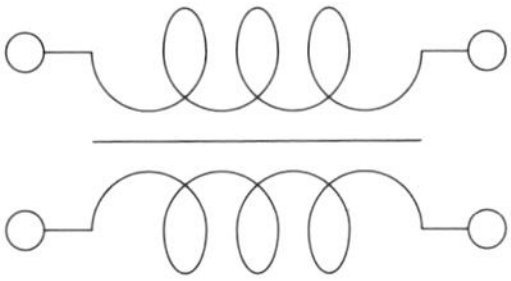

図 ***8.11*** コモンモードチョークコイル

なお，個々のコモンモードチョークコイルの仕様により効果が発揮されるノイズの周波数帯が異なることに注意が必要である。そのため，さらに別の方法として④差動増幅が挙げられ，これは広い周波数帯域のノイズに有効である。2線の信号を差動増幅することにより，ノーマルモード伝送される信号は2倍になるのに対し，コモンモード伝送される雑音は相殺され，かなり除去することができる。例として，パーソナルコンピュータ内部のハードディスクとマザーボード間で使われる信号伝送の規格であるシリアル ATA では，2 ペアの信号線をそれぞれ行きと帰り用に独立して用い，それぞれ差動で伝送するためノイズに強く，3 Gbps（1 秒間に 3 Gbit）の転送速度を得ている。

8.3　シールドとアース

信号の伝送や計測機器が発生する雑音が，ほかの機器や信号の伝送に影響を与えることのないようにする必要がある。通常，伝送途中や計測装置内部において，シールドやアースによる雑音対策が行われる。シールドには静電シールド（静電遮蔽《しゃへい》：electrostatic shield）と電磁シールド（電磁遮蔽：electromagnetic shield）がある。これらは見かけ上似ているが，遮蔽の対象と仕方に違いがあり，静電シールドは比較的高い効果が容易に得られるのに対して，電磁シールドの効果を高めるのは難しい。また，アースも接地アース，筐体アースがあり，効果的な雑音対策にはそれぞれの特徴を理解して使用する必要がある。

8.3.1　電磁環境両立性と電磁干渉対策

6.6 節にて述べられているように，電磁環境両立性（EMC）のための電磁干渉対策（EMC 対策，ノイズ対策ともいわれる）には，電磁妨害（EMI）と電磁感受性（EMS）の両方に対応することが重要である。電磁的な干渉の原因となる雑音の発生源は，機器の内部と機器の外部で発生するものに分類される。これらは，①伝導ノイズ（電源線，コモンモードノイズ，ノーマルモードノイズが代表的な入出力信号線から伝搬するもの），②輻射ノイズ（ほかの機器のノイズが電磁波として空中を伝搬してくるもの），③直接放電ノイズ（静電気放電によるもの）に分けられる。このため，つぎに述べるシールドやアースによる雑音対策，***8.2.5*** 項に示したコモンモードチョークコイルのようなフィルタ対策を施す。

8.3.2 静電シールド

静電シールドとは，雑音源の静電誘導により生じる電気力線を遮蔽するための導体による囲いである（図 **8.12**）。静電シールドがない場合（図（a）），雑音源から空間中に電荷が発生すると，その極性に相対する電荷が隣接する導体表面に生じる。雑音源から発生する電荷量や極性が時間的に変化すれば，これに誘導される隣接する導体表面の電荷量と極性も変化するため，雑音源に接していなくても近接するだけで導体中に雑音が発生することになる。

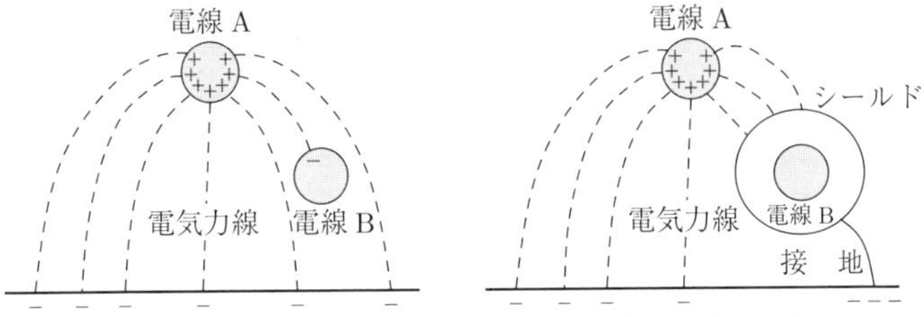

電線Aの電気力線により電線Bに電荷が励起される。これが時間的に変動すれば雑音になる。

（a） 静電シールドがない場合

電線Aの電気力線で生じた電荷はシールドを通してアースへ流れるため，電線Bに電荷が励起されない。

（b） 静電シールドがある場合

図 **8.12**　静電シールド

計測系（あるいは雑音源）を導体によって取り囲み，その導体を接地して一定に保つか，大きな電荷容量をもつ物体に接続することによってほぼ一定の電位に保てば，雑音源の電荷量や極性の変化に応じた電荷は取り囲む導体表面に発生し，その中（あるいは外）の測定系に誘導されることはなく，雑音源と測定系を電気的に遮蔽できる（図（b））。静電誘導される電荷は導体表面に発生し，導体中を移動する電荷の速度が十分速いため，薄い導体でも十分な遮蔽効果を示す。

8.3.3 電磁シールド

電磁シールドとは電磁波が内部に入り込まないように減衰させるための導体による囲いである。同様のものとして磁気シールドがあり，明確な区分や定義はされていないが，直流から 10 kHz くらいの磁界の変化に対応したもので，10 kHz を超える周波数を扱う電磁シールドと区別する場合がある。雑音電流が時間的に変動すると電磁波が生じ，近傍の測定系に電磁波による誘導電流が生じることで雑音が混入する。測定系と雑音源からの距離が発生する電磁波の波長に比べて十分近い場合を近傍電磁界といい，この場合の結合の多くはトランスの一次側（雑音源），二次側（測定系）の関係，つまり，相互インダクタンスが支配的になる。このため，雑音源の発生する磁束が計測系に入り込まないようにすればよい。そのためには，静電シールドの原理になぞらえて，高透磁率の材料を用いて測定系あるいは雑音源を囲み，そこを通して磁束を迂回させればよい。しかし，静電シールドの場合，導体の導電率は真空に対して無限大と考えてよいのに対し，高透磁率の材料でも真空の 10^5 倍程度の透磁率のため，一部が漏れてしまい理想的なシールドは不可能である。したがって，より雑音の混入を少なくするためには，雑音源から発生する磁束そのものを少なくするのがよい。それには，雑音源および測定系にできるだけ開磁路をつくらないようにする。さらに，測定系での鎖交磁束数自体を少なくするために測定系回路のループ面積を減らす。また，伝送のための信号線が形成するループで発生した鎖交磁束による雑音電流は，信号線をよじり，隣どうしで誘導する電流の向きを変え，相殺させる対策を施せばよい。

これに対して，測定系と雑音源からの距離が発生する電磁波の波長に比べて十分遠い場合を遠方磁界といい，電磁波の伝搬による電磁誘導が支配的になる。いま，透磁率 μ，導電率 κ の半無限導体に平面電磁波が入射している場合を考えてみよう。図 ***8.13*** に示すように，導体に入射する直前の磁界が x 成分 $H_0(z)e^{j\omega t}$ のみであり，導体内の磁界 $\dot{H}_x$ が次式

$$\dot{H}_x = \dot{H}_x(z)e^{j\omega t} \tag{8.9}$$

で示されると，これは拡散方程式を満足し，次式が得られる。

$$\frac{\partial^2 \dot{H}_x(z)}{\partial z^2} = j\omega\kappa\mu\dot{H}_x(z) \tag{8.10}$$

$\gamma^2 = j\omega\kappa\mu$ と置けば，式 (8.10) の解は，$z \to \infty$ にて H_x が有限なので

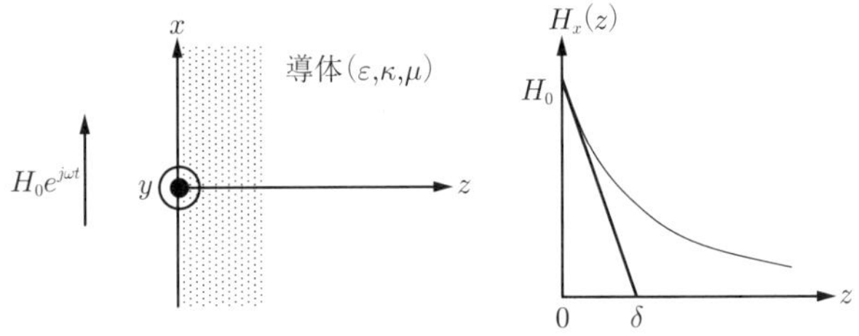

図 **8.13**　導体内の電磁波伝搬

$$\dot{H}_x = H_0(z)e^{-\gamma z} \tag{8.11}$$

となる。ここで，γ は以下のように書ける。

$$\gamma = \sqrt{\frac{\omega\kappa\mu}{2}} + j\sqrt{\frac{\omega\kappa\mu}{2}} \tag{8.12}$$

このとき，導体内の磁界 $\dot{H}_x$ は

$$\dot{H}_x = \dot{H}_0(z)e^{-\sqrt{\frac{\omega\kappa\mu}{2}}z}e^{j\left(\omega t-\sqrt{\frac{\omega\kappa\mu}{2}}z\right)} \tag{8.13}$$

となる。したがって，導体に入射した電磁波は指数関数的に減衰し，表面から $1/e$ になる深さ δ は

$$\delta = \sqrt{\frac{2}{\omega\kappa\mu}} \tag{8.14}$$

で表される。これをスキンデプス（skin depth）という。このように電磁波が導体表面に局在する現象を表皮効果（skin effect）という。これにより，δ より十分厚い導体で電磁波をシールドすることができる。

例えば，銅の場合，スキンデプスは 1 MHz で約 50 μm，50 Hz で約 7 mm となる。このように，低い周波数の電磁波に対するシールドは厚くなり，静電シールドや電磁シールドの役目をもたせる通常の計測機器の筐体に適用するには，重量や費用の点で商業的に難しいのがわかる。

8.3.4　アースと信号の伝送線

通常，計測を行う場合アース（接地：earth，ground）による雑音対策がと

られている。また，装置間の信号の伝送線のアースとはもともとは接地，つまり大地（地球：earth）を装置共通の電位のゼロ基準とし，それに接続することを表している。しかし，必ずしも共通の電位としては大地でなくてもよく，通常，静電シールドや電磁シールドの役目をもつ筐体を共通の電位基準と考え，計測装置の内部回路を筐体に接続する方法がとられる。つまり，アースには大地への接地と筐体への接地があり，区別のため後者を**シャーシアース**（chassis earth）とも呼び，**図 *8.14***（*a*）に示すように記号の標記も分ける場合がある。個々の装置の筐体には，電源ケーブルやほかの装置との間の浮遊容量や漏れコ

（*a*）　アースの記号

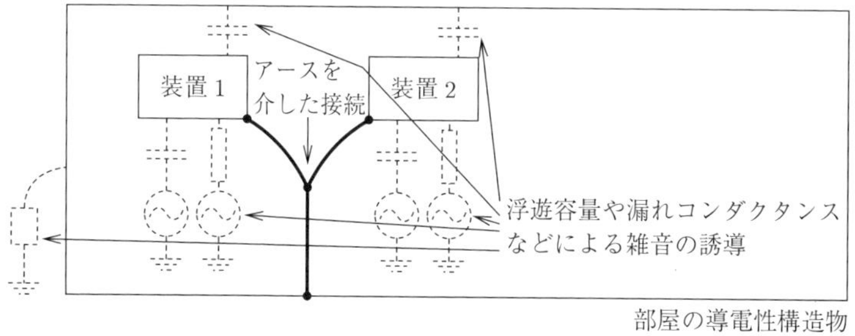

（*b*）　雑音の誘導の概念図

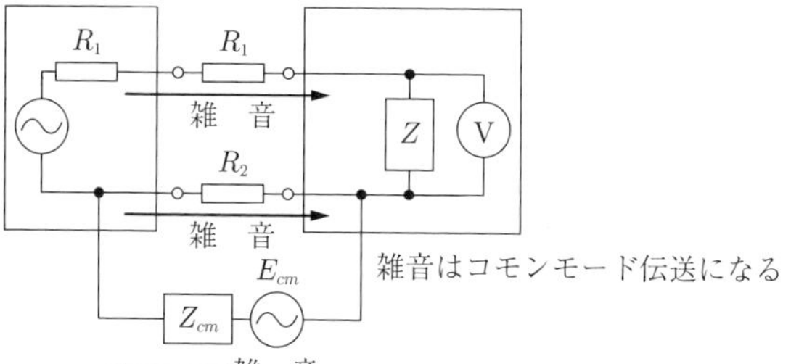

（*c*）　等価回路

図 *8.14*　アース

ンダクタンス（絶縁が完璧でないことによる抵抗成分）により雑音が誘導される（図（*b*））。

また，部屋の壁面内の鉄筋や鉄骨などからも同様に雑音が誘導される。これらから誘導される雑音はそれぞれ異なり，正負の極が同時に変動するので，図（*c*）のように結果的にコモンモード雑音となり信号に混入する。そこで，これらの筐体どうしを導線で接続することにより同電位にし，雑音の混入を防ぐ。それには電源まわりの接地による方法と信号の伝送線を介した方法に大別できる。

〔***1***〕　**電源まわりの接地による方法**

1）　**個々の装置の筐体を接地する**　　計測機器の電源コードが三端子なのは，電源の二端子に加え筐体を接地するアースの端子をもつからである。工場，研究所，会社や学校の壁のコンセントの多くは，三端子となっている。電源の延長ケーブルには三端子をもつものを用いる。やむを得ず二端子の延長ケーブルを使用する場合は，三端子を二端子に変換するコネクタにアース端子があるので，それを壁面のコンセントや配電盤などのアース端子に接続するのが望ましい。

2）　**装置のアース端子を接続**　　壁面のコンセントなどに接地端子がない場合は，装置のアース端子どうしを導線で接続する。なお，***1***）を併用してもよい。

〔***2***〕　**信号の伝送線を介した方法**

1）　**同軸ケーブルの使用**　　同軸ケーブルは心線で信号を伝送し，被覆線はシールドを延長するためのものとして扱われる。このため，同軸ケーブルにより接続を行えば，図 ***8.15***（*a*）に示すように，装置間の接地を接続することができる。

2）　**2 芯シールド線による接続**　　図 ***8.15***（*b*）に示すように，シールドの役割の被覆をもつ 2 芯のシールド線により接続する。このとき，シールド被覆と装置の筐体の間に隙間がないように接続するのが望ましい。

では，装置とセンサを接続する際のアースはどのように考えればよいだろうか。通常は，図 ***8.16***（*a*）に示すような接続となる。それに対して，X-Y レコーダなどの高感度計測器には，コモンモード雑音を低減するために図（*b*）に示すような**フローティング入力**（筐体，接地，電源およびすべての出力端子か

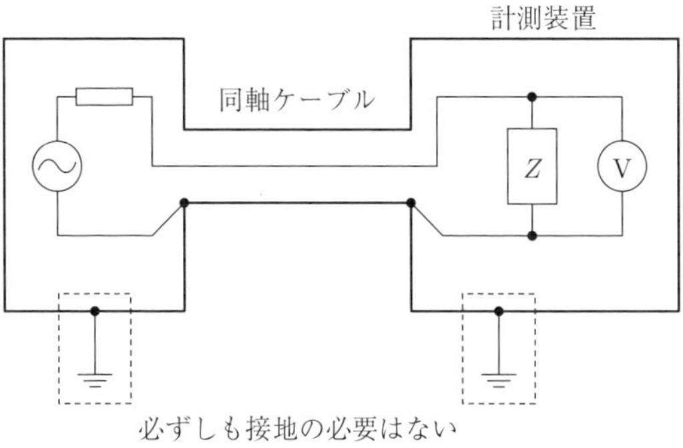

（a）　同軸ケーブル

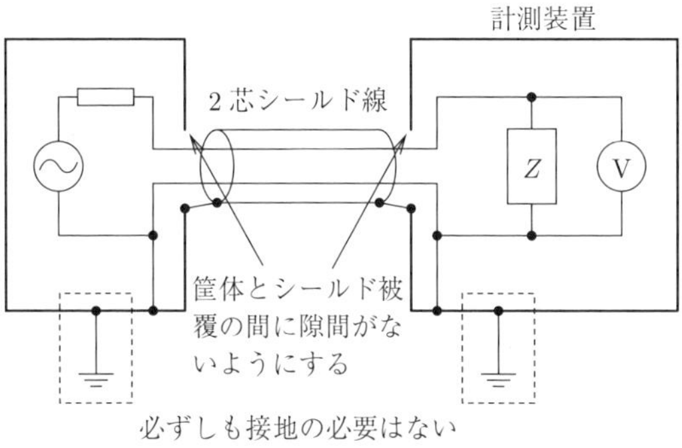

（b）　2芯シールド線

図 **8.15**　信号の伝送線とアースの接続

ら絶縁されている入力：floating input）回路をもつ方法が用いられる。

しかしどの方法でも，接地を行う場合，導体の抵抗成分，インダクタンス成分や表皮効果のため電位差が生じてしまい，同電位とならなくなる場合がある。このため，無用に長い同軸ケーブル，シールド線，電源ケーブルやアース線を用いないほうがよい。

また，信号の入力を演算増幅器などにより差動増幅すると，コモンモード雑音を抑えることができる。なお，同軸ケーブルやシールド線に振動を与えると，被覆線と心線の間の容量が変化し，振動に応じた低い周波数の雑音を生じるので注意が必要である。

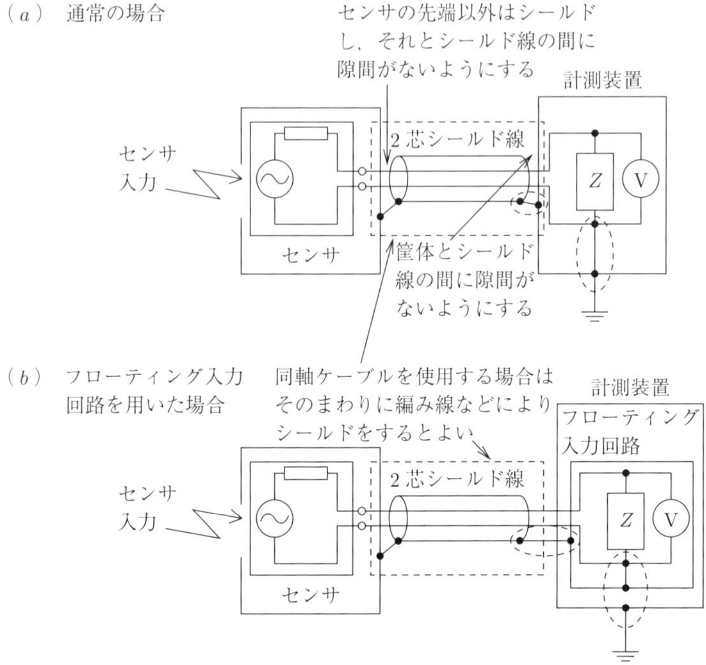

図 **8.16**　センサの接続とアース

演　習　問　題

【1】 信号源インピーダンスが小さいほうが雑音の影響を受けにくいのはなぜか説明せよ。

【2】 センサからの電力を最大限活用するためには，接続するケーブルのインピーダンス，センサの出力インピーダンス，測定器の入力インピーダンスのそれぞれの間の関係はどのようになっていればよいか説明せよ。

【3】 センサと測定器を直接接続した場合と，ボルテージフォロアを介して接続した場合の違いを説明せよ。

【4】 シールドの種類とその概要について述べよ。

【5】 アースの役割を説明せよ。

9

ディジタル計測

電子技術の発展にともない，計測が従来のアナログ指針式のメータから，数値を直接表示し，その数値を評価や制御に利用できるディジタル計測機器を利用したものに急速に移行している。本章では，センサなどで計測されたアナログ信号をディジタル信号に変換する手法と，それをコンピュータに転送する手法について述べる。

9.1　信号のディジタル化

センサなどで計測された信号は多くの場合，**アナログ信号**（analog signal）である。アナログとは本来「相似」という意味で，ある物理量（信号の振幅）が，ある時間に基準となる量に対して連続した比率で表されるということである。もともとは時間的な概念はなかったが，現在，時間的に「連続」という概念に拡張されて用いられるようになっている。これに対して**ディジタル**（digital）の語源は「指（ラテン語：digitus)」であり，指で数えるととびとびの値になるので，「**離散**」(discrete）を表すようになった。したがってディジタルとは，ある物理量が決められた時間間隔で，基準となる量の整数倍の数値で表されるということである。つまり，時間，振幅が連続しているアナログ信号をディジタル信号にするためには，時間，振幅の両方を離散化する必要がある。

9.1.1　アナログ信号のディジタル化

図 ***9.1*** に示すように，横軸（時間）の離散化を**標本化**あるいは**サンプリング**（sampling)，縦軸（振幅）の離散化を**量子化**（quantization）という。

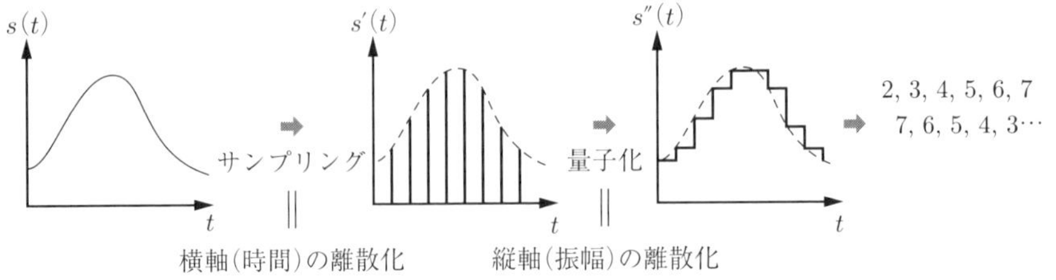

図 ***9.1***　アナログ信号のディジタル化

計測したアナログ信号には多くの情報が含まれており，これをディジタル信号に変換することにより，少なからずこれらの情報が欠落する。これを**量子化誤差**（quantization error）という。ディジタル信号の時間間隔と振幅の間隔を小さくしていけば，もとのアナログ信号に近付いていき，情報の欠落も小さくなっていく。

しかし，そのためには高速に A-D 変換する必要があるうえ，データ量が膨大となり，それらを格納するメモリ容量に影響する。できるだけサンプル点数を減らして，かつ，もとのアナログ信号の情報が失われないためにはどうすればよいのかを示すのが，**標本化定理**（sampling theorem）であり，**サンプリング定理**とも呼ばれる。1928 年にハリー・ナイキスト（Harry Nyquist）が，帯域制限された時間領域での連続信号は周波数領域の情報を残したまま離散化できること，また，その離散化された値からもとの連続信号を復元できることを提示した。そして，それを 1949 年にクロード・E・シャノン（Claude E. Shannon）と染谷勲の二人が個々に数学的に証明した。このため，標本化定理は，**ナイキスト定理**（Nyquist theorem），**ナイキスト・シャノンの標本化定理**（Nyquist-Shannon sampling theorem），**シャノン・染谷の定理**（Shannon-Someya sampling theorem）とも呼ばれる。

〔***1***〕 **サンプリング定理（時間軸の離散化）とエリアシング誤差**　時系列のデータに適用する時間領域のサンプリング定理は，「もし波形データが f_c〔Hz〕以上の高周波成分を含まないとするならば，$\Delta t \leqq 1/2f_c$ の間隔でサンプルされた値には，もとの波形中の情報はすべて乗っている」というものである。つぎに，このサンプリング定理が成立するのを直感的に理解するため，周波数領域と時間領域の関係を見てみよう。

図 **9.2** に示すように，時間領域での周期波は，周波数領域ではとびとびの周波数成分（離散スペクトル）になる。

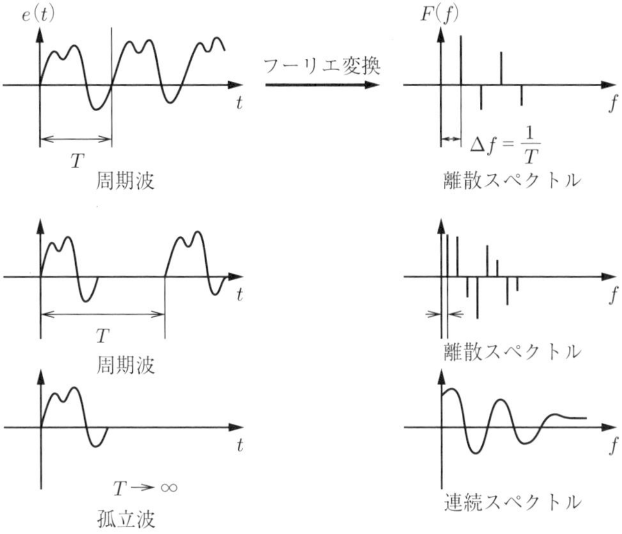

図 **9.2** 信号波形の周期と周波数成分の関係

これは，周期関数の場合，1 周期後にまったく同じ波形にならなくてはならず，Δf（周期の逆数）の整数倍の周波数をもつ正弦波しかその条件を満たすことができないためである。周期を伸ばして無限大にすると，単一波（孤立波）となる。このとき，Δf は無限小となり，周波数成分は連続になる。

この関係は，後述の **10.1.2** 項に詳細を示すように，周期波形に対するフーリエ級数展開と単一波形に対する**フーリエ積分**（これを別名フーリエ変換と呼ぶ）の関係になる。つまり，周期波形は離散周波数成分（離散振幅スペクトル）になり，単一波形は連続周波数成分（連続振幅スペクトル）になる。なお，ここで振幅スペクトルとは振幅（電圧，あるいは電流）表現での周波数成分を表すと把握してもらえばよい（後述の **10.1.1** 項参照）。

つぎに，フーリエ変換と逆フーリエ変換の関係を考えてみる。

$$\begin{cases} \text{フーリエ変換：} F(f) = \displaystyle\int_{-\infty}^{\infty} e(t)\cdot e^{-j2\pi ft}dt \\ \text{逆フーリエ変換：} e(t) = \displaystyle\int_{-\infty}^{\infty} F(f)\cdot e^{j2\pi ft}df \end{cases} \tag{9.1}$$

ここで，f と t を交換して，関数の記号 e を X に，F を x に変えると

$$\begin{cases} e(f) = \displaystyle\int_{-\infty}^{\infty} F(t)\cdot e^{j2\pi ft}dt \rightarrow X(f) = \displaystyle\int_{-\infty}^{\infty} x(t)\cdot e^{j2\pi ft}dt \\ F(t) = \displaystyle\int_{-\infty}^{\infty} e(f)\cdot e^{-j2\pi ft}df \rightarrow x(t) = \displaystyle\int_{-\infty}^{\infty} X(f)\cdot e^{-j2\pi ft}df \end{cases} \tag{9.2}$$

となり，e の肩の符号が異なるだけで，式 (9.1) と同じ形になることがわかる。つまり，周波数と時間を入れ替えても時間軸が左右反転するのみで，同様な変換が成立することになる。

図 9.3 に示すように，周波数軸と時間軸が入れ替わって，連続波形は単一周波数成分となり，離散波形は周期周波数成分になる。

このことから，連続波形をサンプリング間隔 Δt で離散化すると，その振幅スペクトルは $1/\Delta t$ の周波数間隔で周期的になることがわかる。ローパスフィルタにより一番低い周波数帯の振幅スペクトルのみにすれば，もとの連続波形に戻すことができる。

サンプリング間隔 Δt を $f_c < 1/(2\Delta t)$ の条件からどんどん大きくしていくと，$f_c = 1/(2\Delta t)$ までは，理想ローパスフィルタ（通過（濾《ろ》波）する周波数帯域は減衰ゼロで，遮断する周波数帯域は減衰無限大という減衰特性をもつローパスフィルタ）により単一振幅スペクトルに戻すことができる。しかし，それを超え $f_c > 1/(2\Delta t)$ になると振幅スペクトルどうしが重なり合い，ちょうど自分自身を折り返して重ねたようになり，もとの振幅スペクトルとは異なるためもとには戻すことができない。この現象を**折り返し誤差**あるいは**エリアシング誤差**（aliasing error）という。

波形データ自体は f_c 未満の周波数成分しかもたなくても，計測途中で混入す

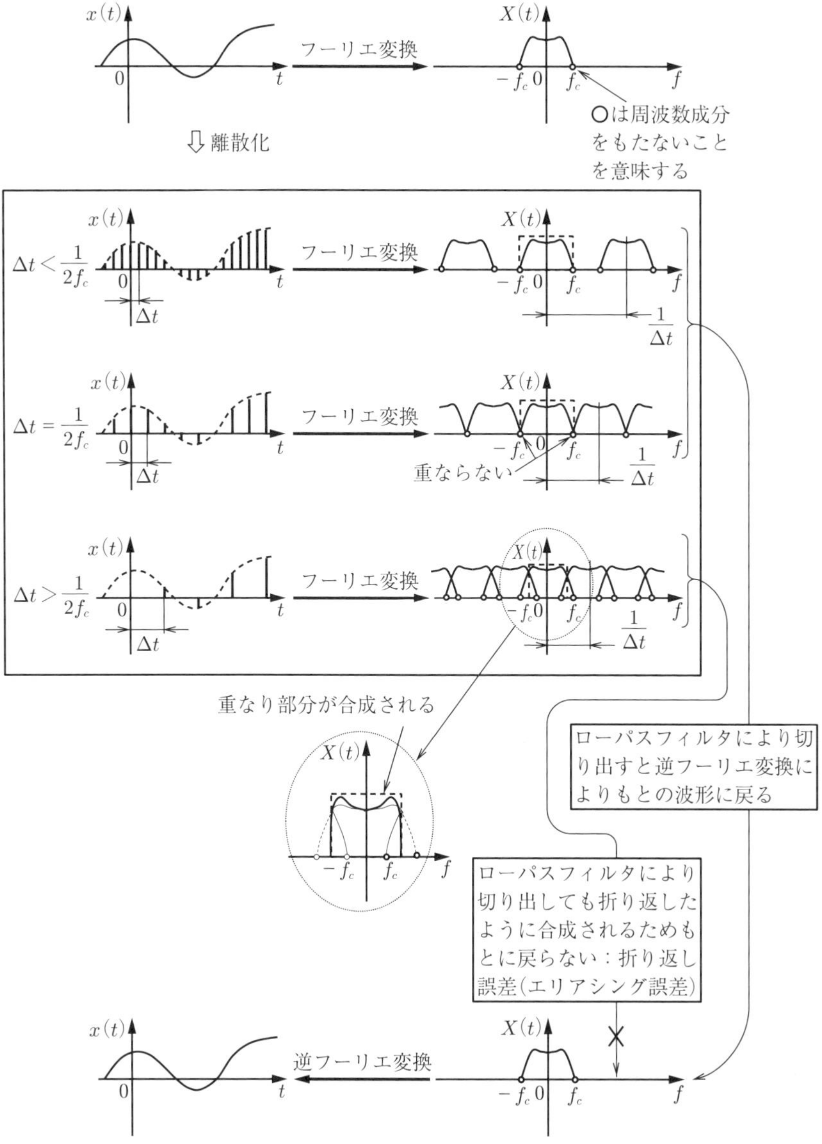

図 **9.3**　振幅スペクトルと波形の関係

る雑音が f_c 以上の周波数成分をもつとエリアシング誤差の原因となる。これが大きく計測に影響する場合，サンプリングを行う直前にローパスフィルタを入れ，この影響をできるだけ少なくする必要がある。このフィルタのことを**アンチエリアシングフィルタ**（anti-aliasing filter）と呼ぶ。

〔**2**〕 **サンプリング間隔の決定方法**　　実際にサンプリング間隔 Δt（あるいはサンプリング周波数 $f_s = 1/\Delta t$）を決定する場合には，アンチエリアシングフィルタと離散データを連続波形に戻す際のローパスフィルタの特性に注意しなければならない。前述のように，サンプリング理論に沿った最大のサンプリング間隔にてサンプリングした場合，周期的に現れる振幅スペクトルを重なりなく取り出すには，理想ローパスフィルタが必要となる。また，計測波形に影響を与えないためにはアンチエリアシングフィルタにも理想ローパスフィルタを使う必要がある。

しかし，現実に利用できるローパスフィルタは遮断周波数から徐々に減衰が大きくなる特性をもち，遮断周波数近辺では位相の暴れが生じる。両方のフィルタの影響を受けないためには，波形の主要な周波数成分が遮断周波数近辺にならないよう，減衰特性に合わせて余裕をもってサンプリング間隔をさらに小さめに（サンプリング周波数を大きめに）選ぶ必要がある。厳密には使用するローパスフィルタの特性に合わせる必要があるが，経験的にはサンプリング理論の半分のサンプリング間隔（倍のサンプリング周波数）を選ぶのが無難である。そうすれば，どちらのフィルタの f_c も減衰特性が波形に影響を与えない周波数（フィルタの形式にもよるが経験的に 1.5 倍程度）に設定できる。例えば，計測波形のもつ周波数成分が 20 kHz 未満であった場合，サンプリング周波数として，サンプリング理論では 40 kHz 以上なのに対し，フィルタの特性を考慮して 80 kHz 以上を選べばよいことになる。

コーヒーブレイク

実時間サンプリングと等価時間サンプリング（等価サンプリング）

ディジタルオシロスコープにより観測する際には，通常の波形を取り込みながらサンプリングする実時間サンプリングを行うが，繰り返し信号を観測する際には**等価時間サンプリング**（equivalent time sampling）あるいは**等価サンプリング**（equivalent sampling）と呼ばれる手法がある。これは，サンプリング周波数は変えずにサンプル点どうしの間を何等分かし，その分（図中の時間遅れ）ずらしながら繰り返し波形が入力されるごとにその間隔でデータを補充して，実際のサンプリング周波数より高い時間分解能を得る手法である。つまり，等価的に高速のサンプリングを行ったことになるので，このように呼ばれる。サンプリング周波数を変えないで，トリガとサンプリングのタイミングをずらすだけで実現できるので，同じサンプリング周波数の変換素子でより高速な現象を捉えることができる点で優れている。しかし，繰り返す信号の波形が時間とともに変化すると誤差が生じる点に注意が必要である。なお，時間遅れの間隔をランダムにずらす方法など，さまざまな変化形がある。

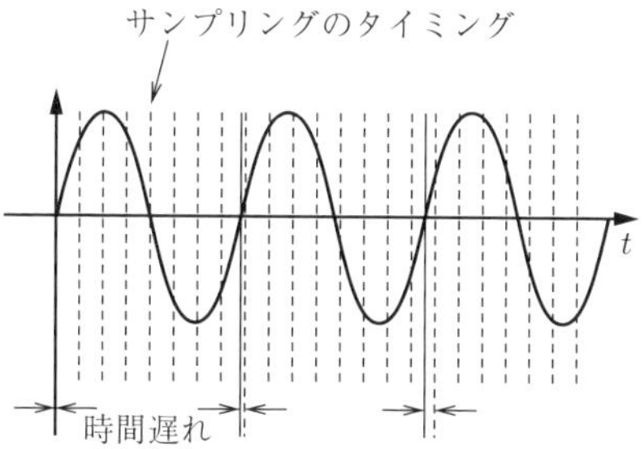

等価サンプリング

9.1.2 量　子　化

時間軸を離散化した後，振幅（電圧）軸を離散化し，はじめてディジタル信号になる。図 ***9.4*** に示すように，振幅軸を細分化して，アナログ値に近い値に置き換えることを量子化という。細分化する間隔は，扱う信号の最大値をディジタル信号で用いるビット数（量子化ビット）で表せる数で割ったものとなる。つまり，ディジタル信号では，用いられるビット数を n としたとき，2^n の状態を表すことができるため，n が大きければ大きいほどアナログ信号に近いことになる。例えば，$n = 8$ bit，最大信号 10 V とすれば，2^8 の段階，つまり 255 で 10 V を割った間隔，約 39 mV で量子化することになる。

量子化したディジタル信号とアナログ信号の間には，図 ***9.4*** に示すような違

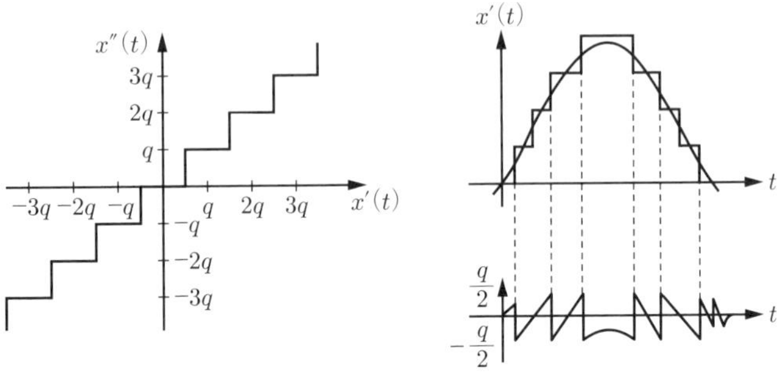

（a）　A–D 変換器の入出力特性　　　　（b）　量子化誤差

図 ***9.4***　量子化と量子化誤差

いが生じる。このもとの信号との違いを量子化誤差（図（b））といい，ダイナミックレンジを決定付ける要因となる。このため，計測で必要とするダイナミックレンジから，量子化ビット数を決めることになる。1 bit で約 6 dB のダイナミックレンジがとれるので，例えば 95 dB 必要なら，$95/6 < 16$，つまり 16 bit 以上でよいことになる。

これら，サンプリングと量子化を同時に行うのが **A-D 変換器**（analog-to-digital converter）である。なお，A-D 変換器の精度が悪いと量子化の間隔がつまってしまい，変換ビット数が等価的に少なくなってしまう。精度を要求される計測装置において，ダイナミックレンジから変換ビット数を算出し機器を選定する際，入出力の線形性や精度の確認に加え，実効ビット数，有効ビット数などの保証された変換ビット数の表示がある場合，そちらを基準にするとよい。

9.1.3 A-D　変　換

サンプリングと量子化を同時に行う A-D 変換器は，その動作原理により**積分形**（integrating type），比較形，**デルタ・シグマ形**（delta sigma type）に大別される。積分形は高い精度を実現できるが，変換時間が長く，非常にゆっくりとした時間変化を捉えるのに用いられる。これに対して，テレビ放送に代表されるような映像のディジタル化などに対する高速な変換には比較形が用いられる。比較形には**全並列形**（full flash type），**逐次比較形**（successive approximation type）がある。また，デルタ・シグマ形は比較的高速であり，変換後のディジタル値が 1 bit のためシリアル伝送に向いている。そして，アナログに再現する際のフィルタの影響を受けにくくできるため，高音質な音楽再生に適している。比較形，デルタ・シグマ形は高速なだけでなく，原理的に CMOS 半導体上で構成しやすい構造のため，多くの組込み型の CPU や DSP のチップに搭載されている。

積分形では，変換する時間が比較的長いため，信号の振幅が量子化の最小分解能を超える場合が多い。そこで，A-D 変換する時間の間，信号の振幅を保持する回路，つまりサンプルホールド回路が必要となる。**図 *9.5*** にサンプルホールド回路の原理を示す。入力と出力の間にコンデンサを並列に入れ，サンプルする時間にスイッチを ON にしてコンデンサの両端の電圧を入力電圧と同じにし，ホールドする時間の間は OFF にして，その電圧を維持する。入力側と出力側にバッファアンプが挿入されているのは，入力の信号源に影響を与えず，高速にコンデンサへ電流を供給するためと，コンデンサの両端の電圧を一定に保つために，電荷を放電することなく出力側へ電流を供給するためである。

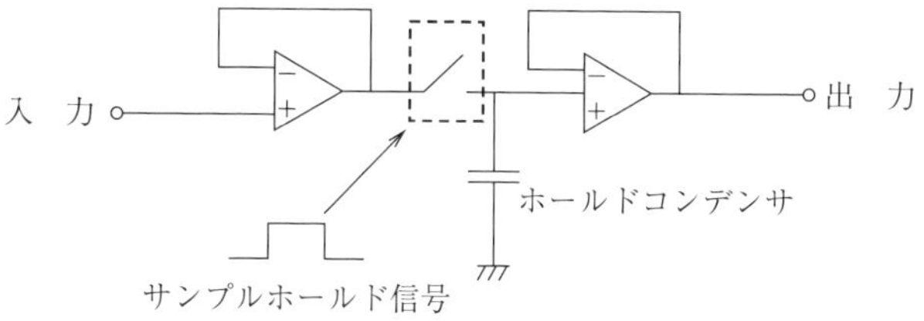

図 *9.5* サンプルホールド回路の原理

これに対して，比較形とデルタ・シグマ形では変換速度が高速なため，サンプルホールド回路を必要としない。以下，動作原理の詳細は他書にゆずるとして，簡単な動作原理と計測に用いるときの特徴を整理したい。

〔*1*〕 **二重積分形** 積分形の基本動作は，**図 *9.6*** に示すように，あらかじめ決められた一定の時間，測定信号を積分しておき，負の基準電圧を加え，放電する。放電している間のクロックパルス数をカウンタで計数し，その値をディジタル値として出力する。図では積分器が反転増幅している点に注意する。入

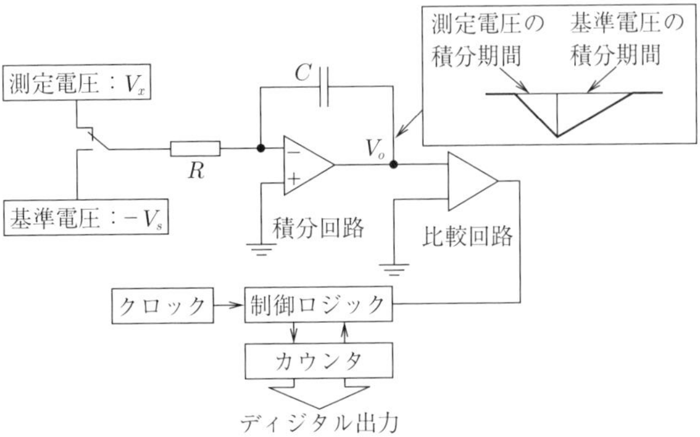

図 **9.6**　二重積分形 A-D 変換の原理

力信号の電圧が高ければ放電時間が長くなり，カウント数が大きくなる。変換ビット数を比較的容易に多くできるため精度を高くできるが，変換時間が長く，電圧により変換時間が変化してしまう欠点をもつ。

〔**2**〕 **電荷平衡形**　　電荷平衡形の原理を図 **9.7** に示す。この動作の基本は電圧を周波数に変換し，その周期から電圧を計測することである。あらかじめ決められた一定の時間，基準信号を積分しておき，入力信号を負の値にして加

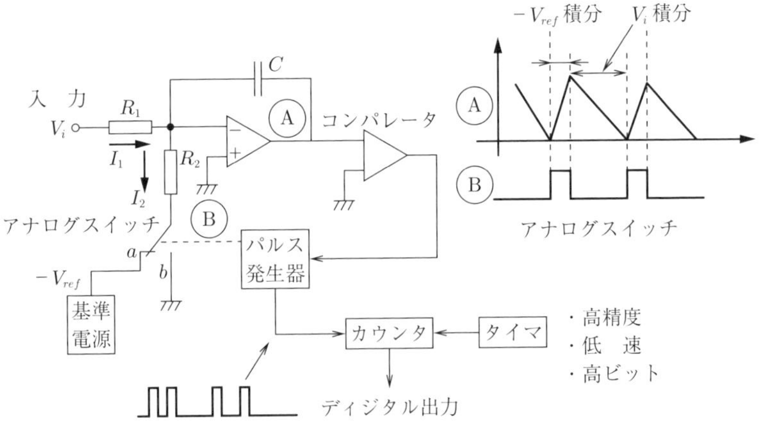

パルス発生器の出力は，入力信号の振幅(V)を周波数(f)に変換したものになる。つまり V–F 変換の機能となる。

図 **9.7**　電荷平衡形 A-D 変換の原理

え，放電する。

〔*3*〕 **逐次比較形** 積分形とは異なり，内部にD-A 変換器を用意し，信号の電圧と等しくなるまで，ディジタル値を逐次比較しながら選ぶ。図 ***9.8*** に原理を示す。積分形より速度は速いが，精度は劣る。

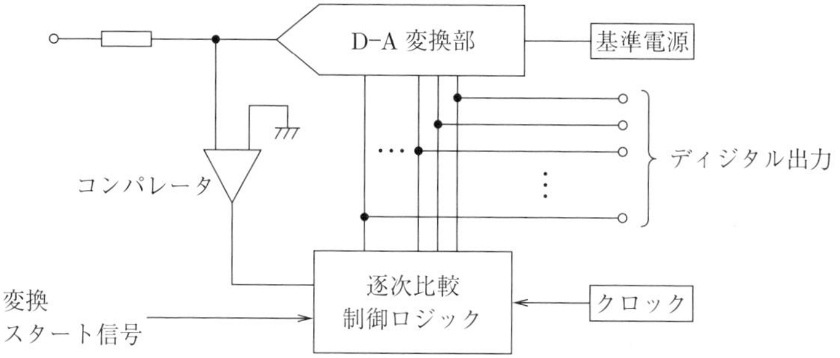

図 ***9.8*** 逐次比較形 A-D 変換の原理

〔*4*〕 **全 並 列 形** 比較する D-A 変換器をビット数に応じてすべて準備し，いっぺんに比較をする。非常に高速に変換ができるが，ビット数を大きくすると回路が2倍，3倍と大きくなり，素子の実現が難しくなる。図 ***9.9*** に原理を示す。精度は積分形に比べ劣る。

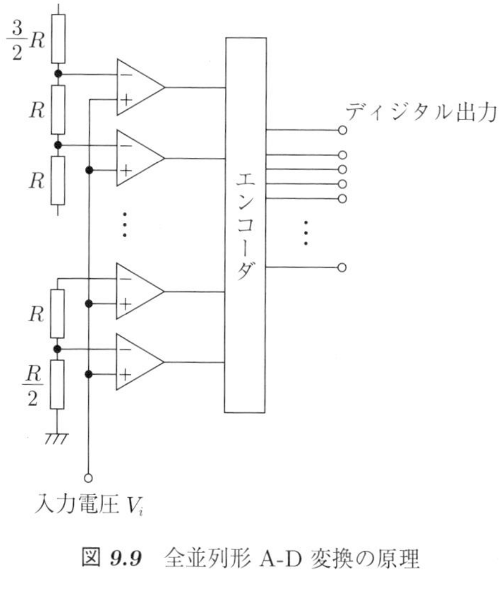

図 ***9.9*** 全並列形 A-D 変換の原理

コーヒーブレイク

逐次比較形は分解能を上げると変換時間が遅くなるという欠点をもつ。しかし，その構造の単純さから高集積度のCMOS半導体上に構成しやすく，その特徴を利用したインターリーブ法により分解能を上げても高速化できる。解像度が9 bit，サンプリング周波数が600 MHzとする。内部には図 ***9.8*** に示すような60 MHzでサンプリングを行う逐次比較形A-D変換器が10個入っており（実際には精度の保証などのために，2個程度余分に入っている），サンプリングのタイミングを個々のA-D変換器でずらすことで，全体として600 MHzのサンプリングを実現する。このようにインターリーブ法と呼ばれる複数のA-D変換器を使って等価的に高速な変換器を実現している。

〔***5***〕 **デルタ・シグマ法**　　**オーバーサンプリング**（over sampling）という手法と同時に使用される。サンプリング理論よりサンプリングを2倍，3倍と細かくする（それぞれ2倍オーバーサンプリング，3倍オーバーサンプリングと呼ぶ）と，だんだん隣り合ったディジタル値の差 Δ が小さくなり，ついには量子化ビットの最小値以内に収まる範囲になる。このとき，ある時点の信号のつぎが大きくなるか，小さくなるかを示せば十分となる。つまり，二つの状態を表せばよいので，1 bitで表せることとなる。この方法では，直流成分の大きさを計測できないので，積分 Σ した後に上記の処理を行う方法を**デルタ・シグマ法**（delta sigma method）と呼ぶ（図 ***9.10***）。1ビットA-D/D-Aとも呼ばれ，オーバーサンプリングを大きくとれば，量子化誤差を小さくできる。また，変換精度はサンプリングの精度に依存する。コンデンサの線形性や抵抗の素子の精度に依存するほかの手法に対して，水晶発振器の精度が格段に高いので，

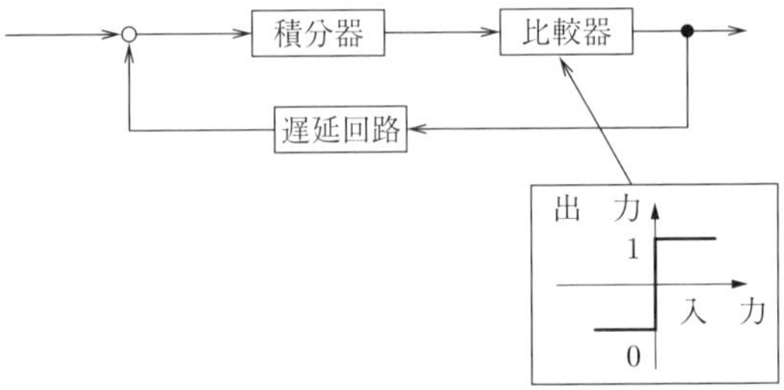

図 ***9.10***　デルタ・シグマ法の原理

精度を高くしやすい。

9.1.4 D-A　変　換

ディジタル値が 1 bit で表現されるデルタ・シグマ形以外の手法では，多ビットのディジタル値をアナログ値に変換（**D-A 変換**：digital-to-analog conversion）する場合，それぞれのビットの重み付けに対応した電圧値を発生させ，加算する必要がある。

これを実現する D-A 変換器（digital-to-analog converter）の一つの方法として，抵抗を図 ***9.11*** に示すように並べ，それぞれのビットに対応するスイッチを入れることにより電圧に変換する，**R-2R ラダー**（R-2R rudder）形と呼ばれる手法がある。この手法では，スイッチの ON・OFF の精度と，抵抗の値のばらつきがアナログ信号に影響を与える。

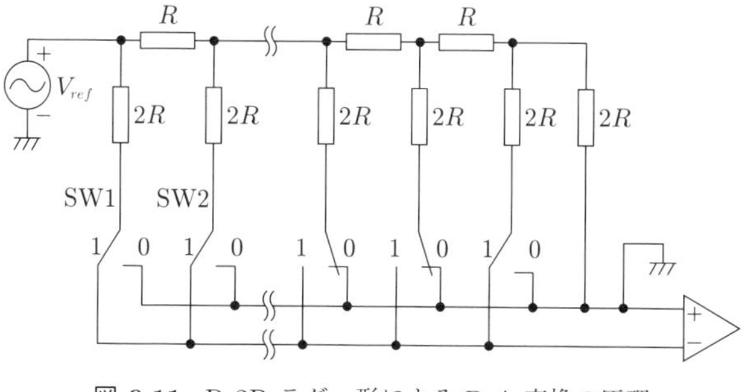

図 ***9.11***　R-2R ラダー形による D-A 変換の原理

一方，デルタ・シグマ変換によれば，もとのディジタルデータに対して，新たに演算を行い，データ間にデータを内挿することでオーバーサンプリングを実現し，1 bit でのアナログ変換を実現している。この手法を用いると，1 bit により増加，あるいは減少する幅に応じたプラスマイナスの電圧が発生し，それを積算すればよいので，高精度なスイッチ 1 個を用いればよく，また，抵抗の値のばらつきの影響を受けないため，精度を上げやすい。

9.2　ディジタル信号のパソコンへの転送

計測をディジタル化し，パソコンにて処理をするためには，A-D 変換器で変換されたディジタル信号を，**インタフェース**（interface）を介してパソコンに転送する必要がある。本節では一般的なパソコンへの転送方法について述べる。

9.2.1　A-D 変換ボード

自作で A-D 変換器を作成した場合の多くは，ユニバーサル I/O（汎用入出力：universal input-output）ボードにより，コンピュータにデータを転送する。現在は，ディジタルオシロスコープや市販の A-D 変換ボードに安価で優れたものが多く市販されるようになり，このような自作ボードを使用する機会が非常に少なくなった。このため，本書では詳細を省略する。

コンピュータの拡張バスに直接挿して使用する A-D 変換ボードにはインタフェース機能が内蔵されており，コンピュータへのディジタル化した値の転送方法によりさまざまな種類がある（図 **9.12**）。A-D 変換後，ボード内にあるメモリにいったん保存され，それには FIFO（first-in-first-out：最初に入れたデータが最初に出力される）メモリがよく用いられる。その A-D 変換ボード内のメモリからコンピュータ内のメモリへの転送には，図 **9.13** に示すように，

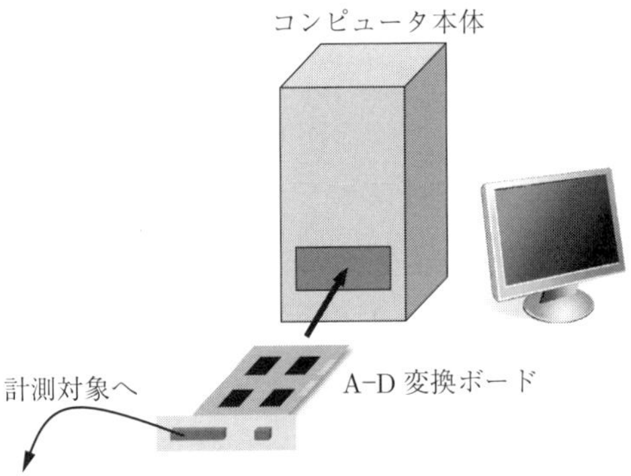

図 **9.12**　A-D 変換ボードを用いた計測

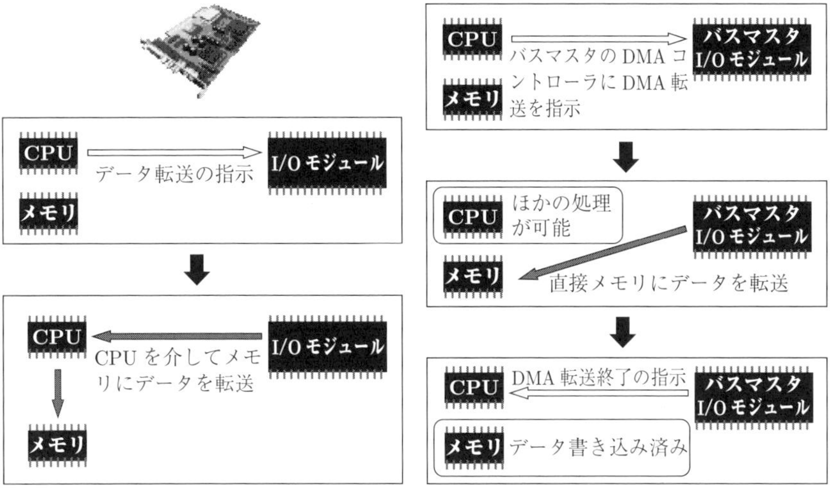

（*a*）　CPU を介したデータ転送　　　（*b*）　DMA 転送を用いたデータ転送

図 ***9.13***　CPU を介したデータ転送と DMA データ転送

CPU を介する手法と，**DMA**（direct memory access）転送する手法がある。これらには，拡張バスをコントロールするバスマスタ I/O モジュールの DMA 転送機能を使用する。DMA 転送では，データ転送中，CPU がほかの作業をすることができ，最高速の部類に入るが，価格が比較的高いという欠点がある。また，内蔵メモリの量により，記録できるワード数（ディジタルデータの個数のこと）が決まっており，それをコンピュータに転送している間は記録ができない場合もある。転送が DMA でなかったり，ボード内にメモリがなかったりするものは比較的変換速度が遅いが，価格が安いという特徴をもつ。このことから，A-D 変換ボードを選ぶ場合には，A-D 変換のビット数，変換速度（サンプリング周波数，サンプリング間隔）に加え，記録できるワード数を考慮する必要がある。

9.2.2　ディジタルオシロスコープとコンピュータの接続

ディジタルオシロスコープには A-D 変換機能があるため，観測された波形はディジタルデータとして記録される。このため，ディジタルオシロスコープとコンピュータを接続し，観測データをコンピュータに取り込めばよい。その接続方法にはいくつかの手段が用意されていることが多い。もともとはプリンタの接続に用意された，一般的に **RS-232C**（recommended standard 232 version C）と呼ばれるシリアル接続（データが一列に転送される），ヒューレットパッカード社が自社のコンピュータと周辺機器を接続するために策定した **GP-IB**（general purpose-interface buss，別名 IEEE 488）と呼ばれるパラレル接続（データが並列に転送される），最近のコンピュータ周辺機器のシリアル接続規格 **USB**（universal serial bus）がある。GP-IB は開発当時，コンピュータとハードディスクの接続にも使用されたように，RS-232C に比べ高速かつ安全性とコントロール性の高い規格として，計測機器とコンピュータの接続の標準として用いられるようになった（図 ***9.14***）。

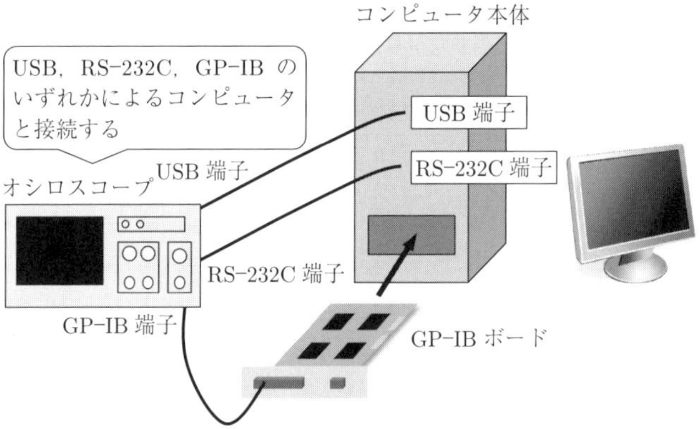

図 ***9.14***　オシロスコープとコンピュータの接続

〔***1***〕 **RS-232C**　　EIA（米国電子工業会：Electronic Industries Association）が規定する通信規格。RS-232C は EIA-232 とも呼ばれ，多くのパソコンにも搭載されており，最も広く使われているシリアル通信規格である。各信号線の目的やタイミングが規定されており，接続コネクタには D-SUB 25 ピンあるいは D-SUB 9 ピンが規定されている。年々，信号線の追加などで規格が改定されている。

使用用途の広がりにつれ，RS-232C では伝送距離が短い，伝送速度が遅いなどの問題が生じ，RS-422A（EIA-422A とも呼ばれる）が規定された。これについては信号線の目的やタイミングが規定されているが，接続コネクタは規定されていない。RS-232C と同様に D-SUB 25 ピンあるいは D-SUB 9 ピンが多くの製品で採用されている。

接続台数増加の要求に対し，RS-422A の上位互換規格として，RS-485（EIA-485 とも呼ばれる）が規定されている。RS-422A 同様信号線の目的やタイミングが規定されているが，接続コネクタは規定されていない。また，RS-232C と同様に D-SUB 25 ピンあるいは D-SUB 9 ピンが多くの製品で採用されている。

なお，それぞれの規格に沿った機器の使用法については最新の情報を参照してほしい。

〔**2**〕 **GP-IB** GP-IB では，インタフェースを規定しているに過ぎず，計測機器のコントロールコマンドが統一されていないので，使用者が機種ごとに BASIC や C などの言語によりプログラムを作成する時期が長く続いた。現在でもコントロールコマンドは統一されていないが，グラフィカルユーザインタフェースを備える Lab View などのプログラムツールも開発され，プログラムコードを直接記載する必要は少なくなり，現在では Excel などの汎用ソフトと連携して操作を行うアプリケーションの利用も可能となっている。これらの場合，アプリケーションソフトのしかるべき場所に，制御対象の計測機器のコントロールコマンドを追記するか，ウェブの該当機種のドライバをダウンロードしてインストールすればよいソフトもあり，使いやすさは格段に進歩した。しかし，GP-IB 接続の場合，計測機器が GP-IB のインタフェースをもつことと，コンピュータに GP-IB 専用のインタフェースボードを用意することが必要である。

〔**3**〕 **USB** USB ポートは現在のすべてのコンピュータに用意されているので，これを用いた接続が急増している。この場合も制御対象の計測機器のコントロールコマンドの入力が必要となるが，アプリケーションソフトのメニューを選択，あるいはウェブから該当の機種のドライバをインストールすれば，コントロールコマンドを入力することなく，機能を実現できるソフトもある。詳

細は，使用するソフト，計測機器の仕様により異なるため，最新機器のカタログやマニュアルにより学んでほしい。

このように，計測機器とコンピュータの接続法は，コンピュータの外部機器との接続手法の進化に依存している。上記の現状も本書執筆時点のことなので，機器導入の際，最新の接続方法をチェックする必要がある。

コーヒーブレイク

簡便なオシロスコープ

コンピュータに接続して，コンピュータのモニタにソフト的に波形を表示し，通常のオシロスコープの機能を簡便に実現するコンパクトで安価な装置が市販されている。カード型の拡張ボードを挿入するタイプと，USB 接続するタイプがある。コントロールソフトとともに利用することにより，オシロスコープの役割を果たすと同時に，A-D コンバータの役割も担える。コンパクトなため持ち運びに便利であり，携帯型コンピュータと組み合わせると，電源のない場所でも計測できる。選択の際には，チャネル数，計測できる周波数帯域とダイナミックレンジ（量子化のビット数），記憶できるデータの量（ワード数）に注意が必要である。

9.2.3　ネットワークによる遠隔計測

従来は，コンピュータを中心にし，それに計測機器をつなぐという考え方が主流であった。現在，計測機器にコンピュータが内蔵されるようになり，個々の計測機器もインテリジェント化が進んでいる。このため接続方法も，TCP/IP プロトコルを利用したイーサネットで計測機器どうしやコンピュータを接続し，ネットワークを構成するように進化している。それがインターネットに接続されれば，世界的な規模ではるか遠隔地にある計測機器を制御し計測データを得る「遠隔計測」が可能となる（図 ***9.15***）。また，インテリジェント化した計測機器がたがいに協調作業を行うことも考えられる。使用法でもわれわれの通常のネットワークの利用法になぞらえ，計測機器の計測波形やデータをホームページブラウザにより閲覧し，特定のボタンをクリックすることで，接続しているコンピュータ上にダウンロードできる計測機器もある。

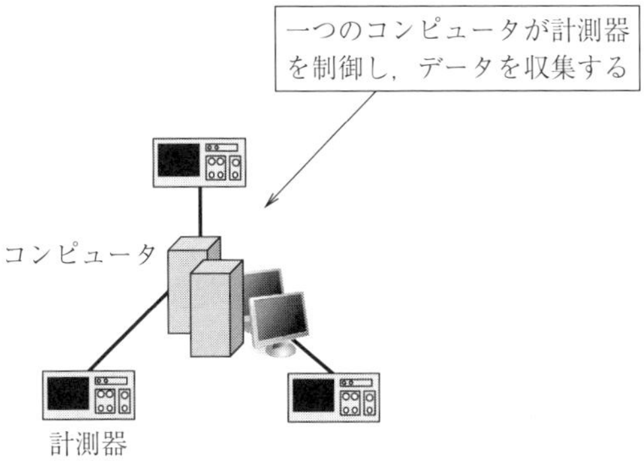

（*a*）　従来のコンピュータ計測手法

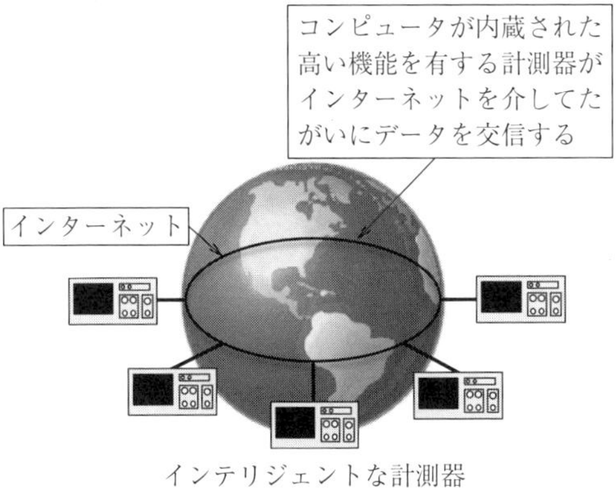

（*b*）　ユビキタス計測の概念

図 **9.15**　遠隔計測のイメージ

このように，計測機器もコンピュータが内蔵され，ネットワークに接続されることにより，ある種の情報機器としての役割をもつことができる。つまり，**ユビキタス**（ubiquitous）社会の構成要素となるため，今後，新たな機能が実現されるであろう。

ユビキタスとは，ユビキタスコンピューティングの略で「いつでもどこでも，利用者が意識することなく，コンピュータやネットワークなどを利用できる状態」を指す。それらの機能はそれぞれの計測機器の構成に依存するので，最新機器のカタログやマニュアルにより学んでほしい。

演　習　問　題

【1】 計測した信号をディジタル化する際に注意しなければならない事柄について，時間軸の離散化と振幅軸の離散化のそれぞれの場合に分けて議論せよ。また，これらに従い，オーケストラ（ダイナミックレンジ約 90 dB）の音楽信号（20 Hz～20 kHz）を計測する際について具体的な数値例を示せ。

【2】 いま，部屋全体の気温の時間的な変化をディジタル化して測定したい。どのような点に気を付けて A-D 変換器を選択すればよいか議論せよ。

10

周波数解析と雑音処理

通常，信号処理は計測とは独立して学習する。一方，ディジタル的に計測された信号は直接コンピュータによる演算処理が可能で，パラメータの変更が容易であるため，時間的な変動や環境の変化に対応できるようになるなどの自由度も大きい。このことから，現在のディジタル化計測システムを構築する際には，あらかじめ信号処理による雑音低減や情報抽出を考慮して設計することが望ましい。ここでは，計測に直接関係する周波数解析手法と雑音除去を中心とし，一部の情報抽出のための信号処理技術について述べる。

10.1 周 波 数 解 析

古くから天文学では，放つ光の色成分から恒星の特徴を解析してきた。これがいわゆる周波数解析の始まりである。ここでは，まず，周波数解析に用いられるスペクトルの概念と，その周波数成分を求める一般的な手法であるフーリエ変換について解説する。そして，フーリエ変換の離散化を行い，それを用いた演算によるフーリエ変換のもつ欠点と，窓関数を掛けることによる，その低減法を示す。さらに，周波数–時間解析手法として，短時間フーリエ変換，ガボール変換，ウェーブレット変換について解説する。

10.1.1 スペクトルの概念

スペクトル（spectrum）の概念は古く，色の分布の特徴を表す指標として天体の分析に使用されてきた。光の場合，周波数が非常に高く（JIS Z8120 の定義によると可視光線に相当する電磁波の波長は，おおよそ短波長側が 360～400 nm,

長波長側が 760～830 nm)，その振幅の瞬時値を測定できる検出器がない。このため，強度を時間平均により検出することとなり，エネルギーあるいはパワーを求めることになる。つまり，単にスペクトルというと，周波数（あるいは波長）ごとのエネルギーあるいはパワーの分布を表している。これに対して電気信号の場合，その周波数は高くても数百 MHz 程度のため，オシロスコープなどの観測機器により，その電圧の瞬時値を知ることができる。このため，周波数ごとの電圧の振幅分布を知ることができ，これを**振幅スペクトル**（amplitude spectrum）と呼び，スペクトルと区別する。あるいは，すべてに接頭語を付け，振幅スペクトル，**パワースペクトル**（power spectrum），**エネルギースペクトル**（energy spectrum）と呼ぶ場合もある。また，**位相スペクトル**（phase spectrum）のように，それぞれの周波数に対する諸量の分布を，諸量の接頭語を付けて表すことが多い（**7** 章のコーヒーブレイク「エネルギーとパワーの違い」参照)。

10.1.2　フーリエ変換とスペクトル

信号のスペクトル，つまり周波数成分を知るために，線形的な数学的変換手法の一つである**フーリエ変換**（Fourier transform）が用いられることが多い。$v(t)$ のフーリエ変換結果 $V(f)$ は**フーリエスペクトル**（Fourier spectrum）とも呼ばれる。求められた各周波数成分は複素量になるので，その振幅の絶対値をとれば振幅スペクトルとなる。

フーリエ級数展開（Fourier series expansion）は周期信号を展開し，離散スペクトルを得る。これに対して，フーリエ変換はフーリエ積分とも呼ばれ，連続スペクトルを得る。図 ***9.2*** で示したフーリエ変換は，フーリエ級数展開の際の周期信号の周期を ∞ にして，単一信号に拡張したものである。図は，周期信号に対するフーリエ級数展開を単一信号に対するフーリエ積分に変換する過程を表している。なお，これらの詳細を学習済みの場合は，本項を省略するか要点の復習教材としてほしい。

〔*1*〕　**周期信号とフーリエ級数展開**　　以下にフーリエ級数展開の式を示す。

これは，周期 T をもつ周期波 $e(t)$ を角周波数 $\omega = 2\pi/T$ を基本とする離散的な角周波数成分（ω の整数倍）に展開する手法である。このとき，周期 T の波は**基本波**（fundamental wave）と呼ばれ，周期 T/n の波を ***n* 次高調波**（nth harmonics）という。また，高調波の含まれた信号波を**ひずみ波**（distorted wave）という。このように，周期信号はとびとびの周波数成分（離散スペクトル）になる。これは，周期信号の場合，周期 T ごとに同じ信号にならなくてはならず，周期信号を構成する成分も周期 T ごとにもとの形に戻る必要があるため，周期 T を基本とし，その整数倍の周波数成分しかそのことを満足できないからである。a_0 は直流成分，a_n は偶関数成分，b_n は奇関数成分を示す。偶関数とは原点を通る縦軸に対し線対称な図形で，$\cos(x)$ がそれに相当する。この場合，$\cos(x)$ のカッコ内の x の符号は関数全体の符号に関係しない。一方，奇関数とは原点に対して点対称な図形で，$\sin(x)$ がそれに相当する。この場合は，$\sin(x)$ のカッコ内の x の符号が関数全体の符号に関係する。

フーリエ級数展開の式はつぎのように示される。

$$e(t) = \frac{a_0}{2} + \sum_{n=1}^{\infty}(a_n \cos n\omega t + b_n \sin n\omega t) \tag{10.1}$$

ただし

$$\omega = 2\pi f = \frac{2\pi}{T}$$

ここで，a_0，a_n，b_n は下記の式により求められる。

$$\text{直流成分：} \frac{a_0}{2} = \frac{1}{T}\int_{-\frac{T}{2}}^{\frac{T}{2}} e(t) \cdot dt \tag{10.2}$$

$$\text{偶関数成分：} a_n = \frac{2}{T}\int_{-\frac{T}{2}}^{\frac{T}{2}} e(t) \cos n\omega t \cdot dt \tag{10.3}$$

$$\text{奇関数成分：} b_n = \frac{2}{T}\int_{-\frac{T}{2}}^{\frac{T}{2}} e(t) \sin n\omega t \cdot dt \tag{10.4}$$

〔**2**〕 **複素フーリエ級数展開**　このままでは，微分や積分の際に sin や cos が交互に現れるので不便である。そこで，オイラーの公式を用いて指数関数で

表現することにする。

$$\text{オイラーの公式：}\cos n\omega t = \frac{e^{jn\omega t} + e^{-jn\omega t}}{2}, \quad \sin n\omega t = \frac{e^{jn\omega t} - e^{-jn\omega t}}{2j}$$

上記の式をフーリエ級数展開の式に代入し，整理する。

$$\begin{aligned} e(t) &= \frac{a_0}{2} + \sum_{n=1}^{\infty}(a_n \cos n\omega t + b_n \sin n\omega t) \\ &= \frac{a_0}{2} + \sum_{n=1}^{\infty}\frac{a_n}{2}(e^{jn\omega t} + e^{-jn\omega t}) + \sum_{n=1}^{\infty}\frac{b_n}{2}(e^{jn\omega t} - e^{-jn\omega t}) \\ &= \frac{a_0}{2} + \frac{1}{2}\sum_{n=1}^{\infty}(a_n - jb_n)e^{jn\omega t} + \frac{1}{2}\sum_{n=1}^{\infty}(a_n + jb_n)e^{-jn\omega t} \end{aligned} \tag{10.5}$$

ここで，第3項について n を $-n$ に置き換えても，Σ の積算順序（$1\sim\infty$ を $-\infty\sim1$ にする）にすれば同じなので

$$\begin{aligned} e(t) &= \frac{a_0}{2} + \frac{1}{2}\sum_{n=1}^{\infty}(a_n - jb_n)e^{jn\omega t} + \frac{1}{2}\sum_{n=-\infty}^{1}(a_{-n} + jb_{-n})e^{jn\omega t} \\ &= \sum_{n=-\infty}^{\infty}\dot{C}_n e^{jn\omega t} \end{aligned} \tag{10.6}$$

と変換できる。ただし，$\dot{C}_n$ は $n = 0, n = 1\sim\infty, n = -\infty - 1$ の条件により，以下のように示される。

$$\dot{C}_0 = \frac{a_0}{2} \tag{10.7}$$

$$\dot{C}_n = \begin{cases} \dfrac{a_n - jb_n}{2} & (n = 1\sim\infty) \quad (10.8) \\ \dfrac{e^{jn\omega t} - e^{-jn\omega t}}{2j} & (n = -\infty\sim1) \quad (10.9) \end{cases}$$

以上をまとめると，複素フーリエ級数展開は，以下のように表すことができる。

$$\begin{cases} e(t) = \displaystyle\sum_{n=1}^{\infty}\dot{C}_n e^{jn\omega t} \\ \dot{C}_n = \dfrac{1}{T}\displaystyle\int_{-\frac{T}{2}}^{\frac{T}{2}} e(t)e^{-jn\omega t}dt \end{cases} \quad (n = 0, \pm1, \pm2, \pm3, \cdots, \pm\infty) \tag{10.10}$$

〔3〕 **単発信号とフーリエ変換** 単発信号，あるいは孤立波は，実信号であり有限時間である。したがって，信号波のもつエネルギーは有限であり，そのことは次式により表現される。

$$0 < \int_{-\infty}^{\infty} e^2(t)dt < \infty \tag{10.11}$$

このとき，つぎのような変数変換を行えば，$e(t)$ は式 (10.12) のように表現される。

$$f_n = \frac{n}{T}$$
$$\Delta f = \frac{1}{T}$$
$$e(t) = \lim_{T\to\infty} \sum_{-\infty}^{\infty} \left\{ \frac{1}{T} \int_{-\frac{T}{2}}^{\frac{T}{2}} e(t)e^{-jn\omega t}dt \right\} e^{jn\omega t} \tag{10.12}$$

ここで，$n\omega = 2\pi\Delta f n$ の変形を行えば

$$e(t) = \lim_{\Delta f\to 0} \sum_{n=-\infty}^{\infty} \Delta f \left\{ \int_{-\frac{1}{2\Delta f}}^{\frac{1}{2\Delta f}} e(t)e^{-j2\pi n\Delta f t}dt \right\} e^{j2\pi n\Delta f t} \tag{10.13}$$

となる。さらに，$n\Delta f = f$ とし，Σ を積分に変換すれば，つぎの式が得られる。

$$e(t) = \int_{-\infty}^{\infty} \left\{ \int_{-\infty}^{\infty} e(t)e^{-j2\pi ft}dt \right\} e^{j2\pi ft} \tag{10.14}$$

式 (10.14) の波カッコの内部を $F(f)$ で表し，分離した式がフーリエ変換，逆フーリエ変換の定義である（式 (10.15)，式 (10.16)）。ここで，$-\infty \sim +\infty$ が積分範囲であり，また，これらの式が成立するためには，この積分範囲に対して関数の絶対値の積分が有限の値である必要がある。なお，sin 関数や cos 関数は超関数と呼ばれ，前述の積分値が ∞ になっても，フーリエ変換が成立する。

$$\text{フーリエ変換：} F(f) = \int_{-\infty}^{\infty} e(t)\cdot e^{-j2\pi ft}df \tag{10.15}$$

$$\text{逆フーリエ変換：} e(t) = \int_{-\infty}^{\infty} F(f)\cdot e^{j2\pi ft}df \tag{10.16}$$

10.1.3　パワースペクトル密度

信号のパワースペクトルが周波数によってどの程度の大きさをもつか密度の分布を表す関数を，**パワースペクトル密度関数**（power spectrum density function）あるいは**パワースペクトル密度**という。これは，単位時間当りに消費されるエネルギーのスペクトル密度で表され，電圧 $v(t)$ に対して観測時間 T の間のフーリエスペクトル $V(f)$ の実効値と，それに対する電流のフーリエスペクトル $I(f)$ の実効値の積 $W(f)$ を観測時間 T で割ったものとなる。つまり

$$P(f) = \frac{W(f)}{T} = \frac{\dfrac{V(f)^*}{\sqrt{2}} \cdot \dfrac{I(f)}{\sqrt{2}}}{T} = \frac{|V(f)|^2}{2RT} \text{〔W/Hz〕} \qquad (10.17)$$

となり，単位周波数当りの電力に相当する。ここで，R は回路の等価抵抗を表す。デシベルは本来二つの電力の比を表す次元のない量である。しかし，工学では慣習により 1 mW を基準にとり，0 dBm と表すパワーのデシベル表示を用いて，$0\,\text{dBm/Hz} \equiv 1\,\text{mW/Hz}$ としてデシベル表示を行う場合もある。なお，電圧や電流での扱いを必要とする場合は，形式上，パワースペクトル密度の平方根をとり，〔$\text{V}/\sqrt{\text{Hz}}$〕や抵抗で換算して〔$\text{A}/\sqrt{\text{Hz}}$〕により表すこともある。

パワースペクトル密度だけでは，信号の位相情報を知ることができない。このため，パワースペクトル密度に加え，フーリエスペクトルの虚部と実部から位相を求め，これらを組み合わせて表示する場合が多い。

10.1.4　離散フーリエ変換と高速フーリエ変換

フーリエ変換をコンピュータで行う場合，ディジタルデータに変換された信号が対象となる。つまり，フーリエ変換自体も離散化する必要がある。周波数を ω により表現すると

$$\text{フーリエ変換：} E(l\Delta\omega) = \sum_{k=-\infty}^{\infty} e(k\Delta t) \cdot e^{-jl\Delta\omega k\Delta t} \Delta t \qquad (10.18)$$

$$\text{逆フーリエ変換：} e(k\Delta t) = \frac{1}{2\pi} \sum_{l=-\infty}^{\infty} E(l\Delta\omega) \cdot e^{jl\Delta\omega k\Delta t} \Delta\omega \qquad (10.19)$$

となる。無限大の計測は現実にはできないので，N 個のデータを対象に変形する。また，周波数を f により表現すると

$$\text{フーリエ変換：}E(l\Delta f) = \sum_{k=0}^{N-1} e(k\Delta t)\cdot e^{-j2\pi l\Delta f k\Delta t}\Delta t \tag{10.20}$$

$$\text{逆フーリエ変換：}e(k\Delta t) = \sum_{l=0}^{N-1} E(l\Delta f)\cdot e^{j2\pi l\Delta f k\Delta t}\Delta f \tag{10.21}$$

となる。いま，サンプリング間隔 Δt と周波数間隔 $\Delta\omega$，Δf との関係は

$$\Delta\omega = \frac{2\pi}{N\cdot\Delta t},\quad \Delta f = \frac{1}{N\cdot\Delta t}$$

で表される。このため実際に計算する際は $\Delta t = 1$ とし，時間間隔と周波数間隔は必要に応じて求め，フーリエ変換自体は個々のデータにより下記のように計算すればよい。以下の式が**離散フーリエ変換**（discrete Fourier transform：**DFT**）の定義式である。

$$\text{フーリエ変換：}E_l = \sum_{k=0}^{N-1} e_k\cdot e^{-j\frac{2\pi kl}{N}} \tag{10.22}$$

$$\text{逆フーリエ変換：}e_k = \sum_{l=0}^{N-1} E_l\cdot e^{j\frac{2\pi kl}{N}} \tag{10.23}$$

式 (10.22) を直接計算すると，N^2 回の複素数演算が必要であり，N が大きくなると大幅に演算時間が増すという欠点がある。ここで，$e^{-j(2\pi kl/N)}$ は位相回転因子と呼ばれる。この式のもつ周期性をうまく使えば，演算回数を劇的に減らせることが推察される。この原理とバタフライ演算を組み合わせて高速な演算を実現したのが**高速フーリエ変換**（fast Fourier transform：**FFT**）である。コンピュータではその高速性から高速フーリエ変換を用いる場合が多い。その詳細は他書を参照願いたい。

10.1.5 離散フーリエ変換，高速フーリエ変換の問題点と窓関数

離散フーリエ変換，高速フーリエ変換の場合，純粋なフーリエ変換とは積分範囲が異なるため，解析の際に問題が生じる。フーリエ変換が $-\infty\sim+\infty$ の積

分範囲なのに対し，計測できる信号は有限であるため，信号が計測した時間範囲を周期 T〔s〕とした周期関数であると仮定して，積分範囲を $-\infty \sim +\infty$ に拡張してフーリエ変換を適用している。したがって，$1/T$〔Hz〕の整数倍の離散的な周波数成分しか解析できない欠点がある。また，変換後の周波数領域での信号は方形のフーリエ変換である sinc 関数（$\sin(x)/x$ の形をこう呼ぶ）に似た形で変調される。したがって，単一の周波数の信号でも，周期 T の整数倍の周波数以外の場合，**図 10.1** に例を示すように，正弦波と異なる信号を解析することになる。このため，本来線になるスペクトルに幅が生じる。これがメインローブと呼ばれるのに対し，本来存在しない周波数の場所に生じる偽の信号はサイドローブと呼ばれる。これらは，メインローブの幅のため，近接する二つ以上の周波数のスペクトルが重なると区別ができなくなる問題がある。また，大きな振幅の周波数成分と，小さな振幅の周波数成分を含む信号の場合，サイドローブのために，小さな振幅の周波数成分が埋もれて観測できなくなる問題が生じる。通常，この影響を軽減するため，事前に窓関数（window function）$w(x)$ が掛けられる（単純に離散フーリエ変換を行うときは方形窓が掛けられているとも考えられる）。これは，ガウス分布をフーリエ変換しても形が変化しないことを応用している。実際には，ガウス分布は $\pm\infty$ に分布し，コンパクトサポートではない（有界区間の両端で 0 にならない）ため，有限の幅で区切ると

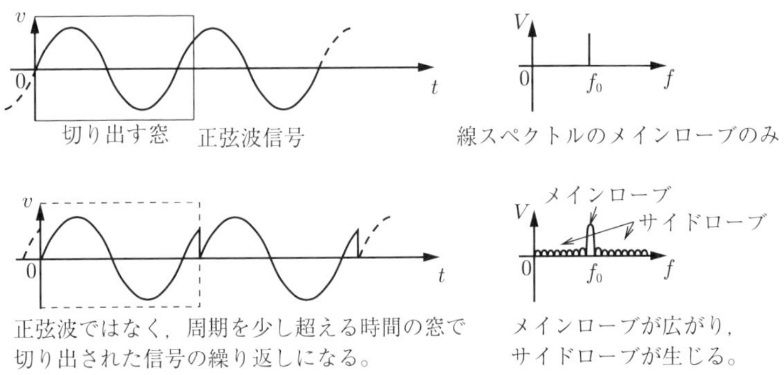

図 10.1　フーリエ変換で実際に解析される信号の例

切り口の影響を受ける。この問題を回避するため，両端が0となるさまざまな窓関数が考案されている。以上，窓関数には，①周波数分解能を高くするためメインローブが狭いこと，②ダイナミックレンジを広くとるためサイドローブが低いこと，が求められる。しかし，それらはトレードオフの関係にあり，使用する対象の条件に合わせてさまざまな窓関数を使い分ける必要がある。

窓関数としては，ユリウス・フォン・ハンが考案したハン関数（Hann function，あるいはHann window，von Hann window，二乗余弦窓（raised cosine window）ともいう），リチャード・ハミングがハン関数を改良して考案したハミング関数（Hamming function），ラルフ・ブラックマンが考案したブラックマン関数（Blackman function）などがある。それらの窓関数を掛けた正弦波を図 **10.2** に示す。また，それらの窓関数に対するメインローブとサイドローブを図 **10.3** に示し，それらの値を表 **10.1** に示す。なお，−3 dB でのメインローブ幅は方形の場合を1とし，各関数ではそれに対する比を示している。

〔*1*〕 単に信号をフーリエ変換した場合（方形窓）

$$w(x) = 1 \qquad (0 \leqq x \leqq 1) \tag{10.24}$$

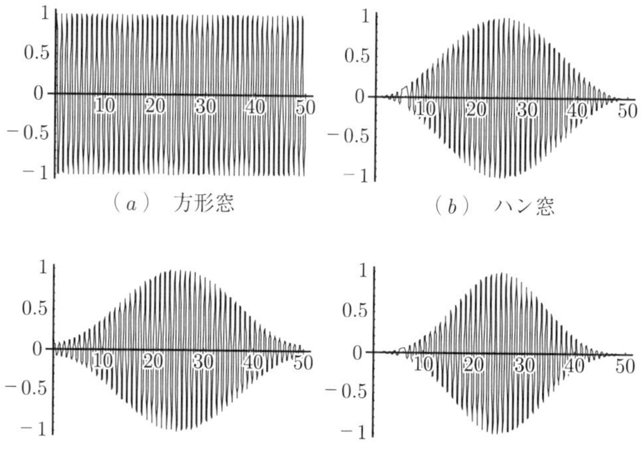

（*a*） 方形窓　（*b*） ハン窓

（*c*） ハミング窓　（*d*） ブラックマン窓

図 **10.2** 各種窓関数を掛けた正弦波

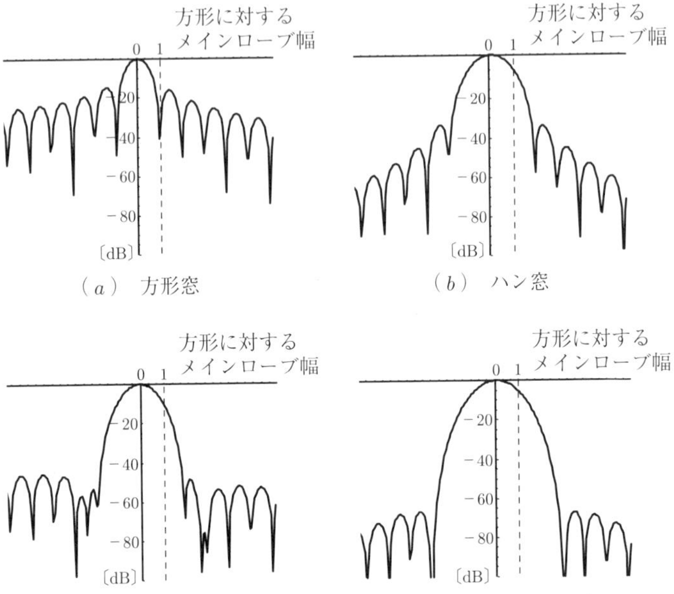

（a）　方形窓　　（b）　ハン窓　　（c）　ハミング窓　　（d）　ブラックマン窓

図 10.3　各種窓関数によるメインローブとサイドローブ例

表 10.1　窓関数とメインローブ，サイドローブの関係

関数の名称	最大サイドローブレベル〔dB〕	サイドローブの減少度合い〔dB/OCT〕	−3 dB でのメインローブ幅
方　形	−13	−6	1.00
ハン関数	−32	−19	1.62
ハミング関数	−43	−6	1.46
ブラックマン関数	−59	−19	1.99

周波数分解能が最も高い。sinc 関数に似た形になり，サイドローブが大きくダイナミックレンジが最も低い。

〔**2**〕　ハン関数を窓関数に使用した場合（ハン窓）

$$w(x) = 0.5 - 0.5\cos 2\pi x \qquad (0 \leq x \leq 1) \tag{10.25}$$

窓関数を掛けた信号の両側が 0 になり，メインローブの幅は比較的広い。サイドローブは，最大値は比較的大きいのに対し，メインローブから離れるにつれて大きく減少していく。これは窓の両端が 0 のためである。しかし，両側のデータが解析結果に反映されない点は欠点にもなる。

〔*3*〕 ハミング関数を窓関数に使用した場合（ハミング窓）

$$w(x) = 0.54 - 0.46\cos 2\pi x \qquad (0 \leqq x \leqq 1) \tag{10.26}$$

ハン関数を改良し，両側のデータが解析結果に反映されるよう，窓関数を掛けた信号の両側を 0 にしない窓関数。メインローブの幅が比較的狭い。サイドローブは比較的大きく，メインローブから離れるにつれて減少度合いも小さい。

〔*4*〕 ブラックマン関数を窓関数に使用した場合（ブラックマン窓）

$$w(x) = 0.42 - 0.5\cos 2\pi x + 0.08\cos 4\pi x \qquad (0 \leqq x \leqq 1) \tag{10.27}$$

窓関数を掛けた信号の両側が 0 になる。メインローブの幅は広い。サイドローブは，最大値も小さく，メインローブから離れるにつれて大きく減少していく。特にサイドローブの影響を避けたい場合に用いられる。

コーヒーブレイク

ハン関数とハニング関数

ハン関数とハミング関数は名前がよく似ているため，以下のようなエピソードがある。ハン関数はハニング（Hanning）関数とも呼ばれる場合がある。これには，論文中で「信号にハン窓を掛ける」という意味で「hanning a signal」という言葉が使われることに由来しているという説がある。また，表記としてハミング（Hamming）関数を「Hamm」と略す場合があるので，それに対して「Hann」は「Hanning」を略していると勘違いした誤用が原因であるという説もある。さらに，どちらも cos 関数をもとにしており，窓関数としては同じ関数族に分類されるため，両者の名前が合成されて「Hanning」と呼ばれるようになったという説もあり興味深い。

10.1.6　短時間フーリエ変換とウェーブレット変換

ここでは，音楽のような信号の周波数成分が，時間的にどのように変化するか解析したい場合を考えてみよう。

〔1〕　**短時間フーリエ変換**　　解析したい信号を短時間ごとに区切り，それをフーリエ変換する。その区切りを時間的にずらせば，時間的な周波数の変動を解析することができる。このような解析手法を**短時間フーリエ変換**（short-time Fourier transform：SFT）と呼ぶ。窓関数により信号を切り出すと考え，窓フーリエ変換（window Fourier transform：WFT）とも呼ばれる。切り出す窓関数にはさまざまな形があり，方形窓の場合，区切りは重なっても重ならなくてもよい。重なりながらずらした場合は，得られた周波数成分の情報は冗長となる。図 ***10.4*** に方形窓で切り出した場合の短時間フーリエ変換の概念図を示す。

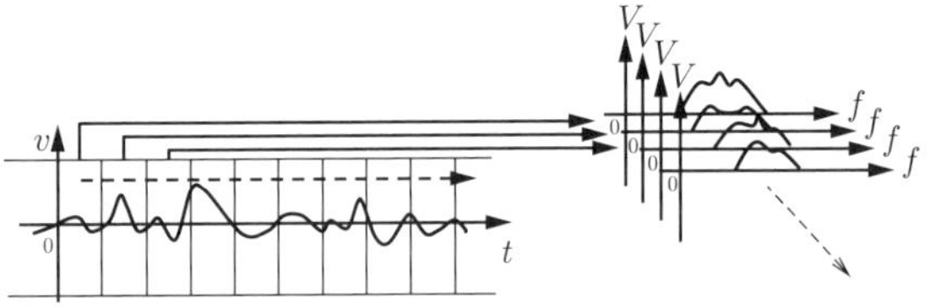

区間ごとにフーリエ変換をし，区間が重ならないようずらす。

（a）　短時間フーリエ変換（変換区間が独立の場合）

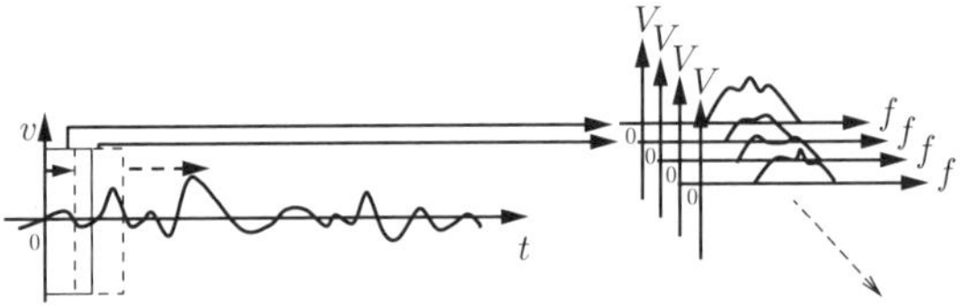

区間ごとにフーリエ変換をし，区間より短い間隔で重なるようずらす。

（b）　短時間フーリエ変換（変換区間をオーバーラップさせた場合）

図 ***10.4***　短時間フーリエ変換の概念

区間ごとに重ならないで変換を行った場合，この区切る幅が時間変動を解析する際の時間分解能となる。では，区切る幅をどのように決めればよいか。例えば，区切る時間幅を最低周波数の周期とし，その中に 1 周期以上の正弦波が入ると考えてみよう。その場合，周波数領域での広がりが大きく周波数分解能は低くなる。時間幅を増やせば周波数分解能は上がるが，時間分解能は低下する。このように，周波数分解能と時間分解能は，一方が高くなると他方は低下するトレードオフの関係になる。これを**不確定性原理**（uncertainty principle）という。

〔**2**〕 **ガボール変換**　ガボール（Gabor）は，短時間フーリエ変換の窓関数として，不確定性原理の制限のもと，理論的に最良の窓関数であるガウス関数を用いることを提案した。このため，ガウス窓を用いた短時間フーリエ変換を**ガボール変換**（Gabor transform）と呼ぶ。以下に，時刻 t_d を中心としたガウス窓を用いて入力信号 $x(t)$ を切り出した場合を示す。

$$X_s(t_d, \omega) = \int_{-\infty}^{\infty} \frac{1}{2\sqrt{\pi\sigma}} e^{-\frac{(t-t_d)^2}{\sigma^2}} x(t) e^{-j\omega t} dt \tag{10.28}$$

ここで，フーリエ変換と窓関数を掛ける操作を一つの変換と捉えると，つぎのような関数が考えられる。

$$G_s(t, \omega) = \frac{1}{2\sqrt{\pi\sigma}} e^{-\frac{t^2}{\sigma^2}} e^{-j\omega t} \tag{10.29}$$

式 (10.29) 中において，σ と ω は独立に変えられる。しかし，ガボールは σ を固定し，t と ω を変化させた周波数–時間解析手法として提案している。

〔**3**〕 **ウェーブレット変換**　短時間にエネルギーが集中した**ウェーブレット**（さざ波：wavelet）と呼ばれる基底関数を，周波数に応じて時間軸上で相似になるよう拡大縮小して，それぞれの周波数に対して最大の時間分解能を得る**連続ウェーブレット変換**（continuous wavelet transform）と呼ばれる手法がある。**図 10.5** にウェーブレット変換の概念を示す。

ウェーブレット変換は，モルレー（Morlet）により，ガボール変換を拡張することで考案された。ガボール変換の基底関数をつぎのように表す。

$$\psi(t) = \frac{1}{2\sqrt{\pi\sigma}} e^{-\frac{t^2}{\sigma^2}} e^{-jt} \tag{10.30}$$

ここで，ω の項がないことに注意する。

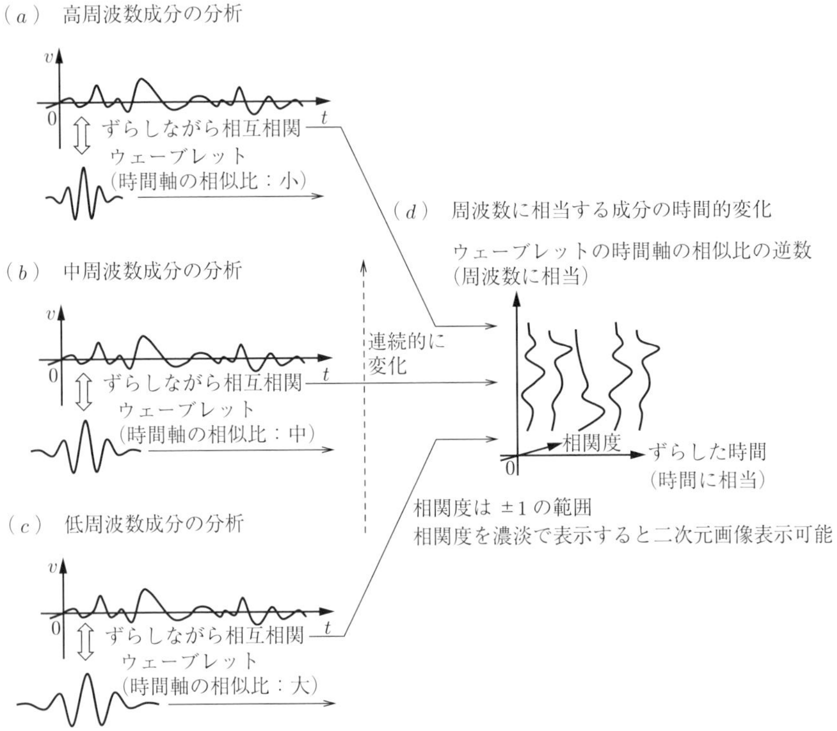

図 **10.5**　ウェーブレット変換の概念

つぎに，この関数を時間軸上にて拡大，縮小する変数 a と，ガウス窓の時間的な位置を変える変数 b を用いてつぎのように変形する。

$$\psi\left(\frac{t-b}{a}\right) \tag{10.31}$$

これを用いて，連続ウェーブレット変換をつぎのように定義する。

$$G_w(b,a) = \int_{-\infty}^{\infty} \frac{1}{\sqrt{a}} \overline{\psi\left(\frac{t-b}{a}\right)} x(t)dt \tag{10.32}$$

これを**ガボールのウェーブレット変換**（Gabor wavelet transform）という。ここで，$\Psi((t-b)/a)$ の上のバーは複素共役を表す。これを単にガボール変換という場合もあるので，〔**2**〕の短時間フーリエ変換のガボール変換と混同しないよう注意が必要である。また，解析結果の周波数を反映する軸は，厳密には周波数ではなく，相似の拡大度あるいは相似比の逆数（**図 10.5**（d））である点に注意する。

連続ウェーブレット変換では，用いる基底関数によって解析結果が異なる。基底関数にはそれぞれ特徴があるため，解析する信号に合わせて選ぶ必要がある。ガボール以外の代表的な基底関数を以下に示す。

1）**メキシカンハット**（mexican hat）　基底関数にガウス関数の二次導関数を用いたもの。メキシカンハットに似た形状から名付けられた。つぎの実関数で表される。

$$\psi(t) = (1 - 2t^2)e^{-t^2} \tag{10.33}$$

2）**フレンチハット**（french hat）　メキシカンハットを方形にしたような形状をもつ。つぎの実関数で表される。

$$\psi(t) = \begin{Bmatrix} 1 \\ -0.5 \\ 0 \end{Bmatrix} \quad \begin{matrix} (-1 \leqq t < 1) \\ (-3 \leqq t < -1, \quad 1 \leqq t < 3) \\ (\text{上記以外}) \end{matrix} \tag{10.34}$$

3）**メイエのウェーブレット**（Meyer wavelet）　ウェーブレット変換では，解析する信号の情報を過剰に含む。メイエは，フーリエ変換を利用して正規直交基底関数を構成し，効率的なウェーブレット変換としてウェーブレット展開を示した。ここでは，正規直交基底関数の構成法を示す。

まず，周波数領域で中央が 1，両端が 0 となり，その間をなめらかに接続する関数 $X_m(\omega)$ を求める。

$$X_m(\omega) = 1 \qquad \left(-\frac{2\pi}{3} \leqq \omega \leqq \frac{2\pi}{3}\right) \tag{10.35}$$

$$X_m(\omega) = 0 \qquad \left(\omega < -\frac{4\pi}{3}, \quad \omega > \frac{4\pi}{3}\right) \tag{10.36}$$

上記の間は，つぎに示す ω の多項式により接続する。ここで，n は整数である。

$$g(\omega) = \int_0^\omega t^n(1-t)^n dt \tag{10.37}$$

具体例として，$n=3$ の場合を示す。

$$g(\omega)=\int_0^{\omega} t^3(1-t)^3dt=\int_0^{\omega} t^3(1-3t+3t^2-t^3)dt$$
$$=\frac{\omega^4}{4}-\frac{3\omega^5}{5}+\frac{3\omega^6}{6}-\frac{\omega^7}{7} \tag{10.38}$$

これを用いて $X_m(\omega)$ を以下のように表す。

$$X_m(\omega)=\sqrt{\frac{g\left(2-\dfrac{3\omega}{2\pi}\right)}{g(1)}} \qquad \left(\frac{2\pi}{3}>\omega\geqq 0\right) \tag{10.39}$$

$$X_m(\omega)=\sqrt{\frac{g\left(2+\dfrac{3\omega}{2\pi}\right)}{g(1)}} \qquad \left(-\frac{2\pi}{3}<\omega<0\right) \tag{10.40}$$

関数 $X_m(\omega)$ の逆フーリエ変換により，つぎのスケーリング関数（信号を観測するための尺度という意味からこう呼ばれる）を得る。

$$\phi(t)=\int_{-\infty}^{\infty} X_m(\omega)e^{j\omega t}d\omega \tag{10.41}$$

この関数を用いて，次式に示す実数の直交ウェーブレット関数を構成することができる。

$$\psi(t)=2\phi(2t-1)-\phi\left(t-\frac{1}{2}\right) \tag{10.42}$$

これ以外の基底関数としては，ハール（Haar）の基底関数など多数ある。また，連続ウェーブレット変換に対して，離散ウェーブレット変換がある。それらについては，紙面の都合上，ウェーブレット解析を主とした書を参考されたい。

コーヒーブレイク

ウェーブレット変換の語源

石油会社のエンジニアであったモルレーは，1975 年頃，石油探査のために，加振や衝撃を与えた際の地層からの複雑な反射波の解析にガボール変換を用いていた。しかし，多層の地層間で繰り返し反射する波もあり，当時の最新のコンピュータを用いていても，その解析は困難をきわめた。それは，不確定性原理のため，固定された窓の大きさが，必ずしもすべての周波数で最大の周波数分解能を得られる大きさではないことが一つの原因であった。そこで，発想を逆転させ，一つの波を拡大縮小して周波数に応じて区切り幅を変え，それぞれの周波数に対して最大の時間分解能を得る手法を思い付いた。このことをモルレーは「wavelets of constant shape」という形で表現し，これがウェーブレット変換の語源となった。

〔*4*〕 **ウイグナー分布**　ほかの周波数–時間解析手法としては，**ウイグナー分布**（Wigner distribution）と呼ばれる手法がある（図 ***10.6***）。一般に複素数値をとる時間関数 $x(t)$ の自己ウイグナー分布 $W(t,f)$ はつぎのように定義される。

$$R(t,\tau) = x\left(t+\frac{\tau}{2}\right)x^*\left(t-\frac{\tau}{2}\right) \tag{10.43}$$

$$W(t,f) = \int_{-\infty}^{\infty} R(t,\tau)e^{-j2\pi f\tau}d\tau \tag{10.44}$$

ここで，$*$ は複素共役を表す。$R(t,\tau)$ は通常の自己相関関数から時間平均操作を省いたもので，拡張された自己相関関数と呼ばれる。時間平均操作を行わないため，時間依存性をもったパワースペクトルに対応する量を求めることができる。周波数–時間分解能が高い特徴をもつのに対し，クロス項と呼ばれる偽のピークが発生する問題がある。例えば，二つの周波数成分をもつ信号のウイグナー分布を計算すると，二つの周波数を表すピークの間に第 3 のピークが発生

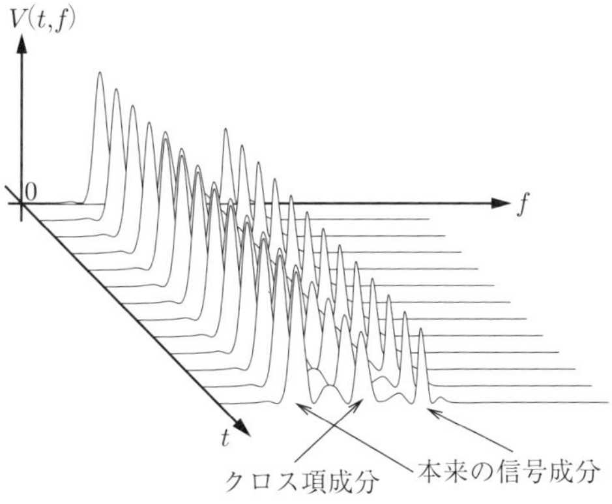

図 ***10.6***　ウイグナー分布の例

する。このクロス項の軽減や除去のためのさまざまな手法が提案されているが，万能な手法はないのが現状である。

10.1.7　そのほかの周波数変換法

ほかに時間分解能をもつ変換法として，最大エントロピー法と呼ばれる，周波数成分に対し，その周期に比べて非常に短い観測データから周波数を推定できる手法がある。この手法は天文学において，星の変化の周期を知るために開発された。長い周期と短い周期で変動する経済状況を解析するのにも向いているため，経済学でもよく用いられている。ウォルシュ解析など，ほかにも多くの周波数解析手法がある。これらは紙面の都合上，他書を参照されたい。

10.2　雑　音　処　理

7 章で示した雑音の性質を利用し，信号処理により雑音を抑制する最も一般的な手法として，**平滑化処理**（smoothing）と**積算平均化処理**（averaging）が挙げられる。前者は信号とノイズの周波数帯の違いを利用し，後者は信号とノイズの統計的な性質の違いを利用している。平滑化処理を，比較的なだらかに時間変化する信号に細かく変動するノイズが乗っている場合に適用すると，細かい変動を抑えてノイズを低減できる。この場合，信号の周波数帯は比較的低く，ノイズの周波数帯が高いことから，**ローパスフィルタ**（low-pass filter：LPF），あるいは**移動平均**（moving average）により平滑化を実現できる。ここでは，それらの手法を中心に雑音の軽減手法について述べる。

10.2.1　ローパスフィルタ

一般にローパスフィルタはアナログフィルタにより実現される。ここでは，信号論的な扱いを考える。次式は入力信号 $u(t)$ に対し，インパルス応答 $w(t)$ が作用した際の出力信号 $v(t)$ を表す式である。

$$v(t) = \int_{-\infty}^{\infty} w(\tau)u(t-\tau)d\tau \tag{10.45}$$

ローパスフィルタのインパルス応答 $w(t)$ は図 **10.7**（a）に示すように，ある瞬間の信号から尾を引く形となる。これは，ある時点の値がどのくらいまでの時間，どのくらいの影響を与え続けるかということであり，長い間大きな影響を与える場合，信号は急激に変動できず，低い周波数の信号しか存在し得なくなる。つまり，より低い周波数のローパスフィルタ特性となる。ローパスフィルタの動作は，図（c）に示すように各信号の点がローパスフィルタのインパルス応答によりそれぞれ尾を引く形で後の時間に影響するので，それらを加算する操作となる。

式 (10.45) は，つぎに示すような形に変形しても演算結果は同じになる。

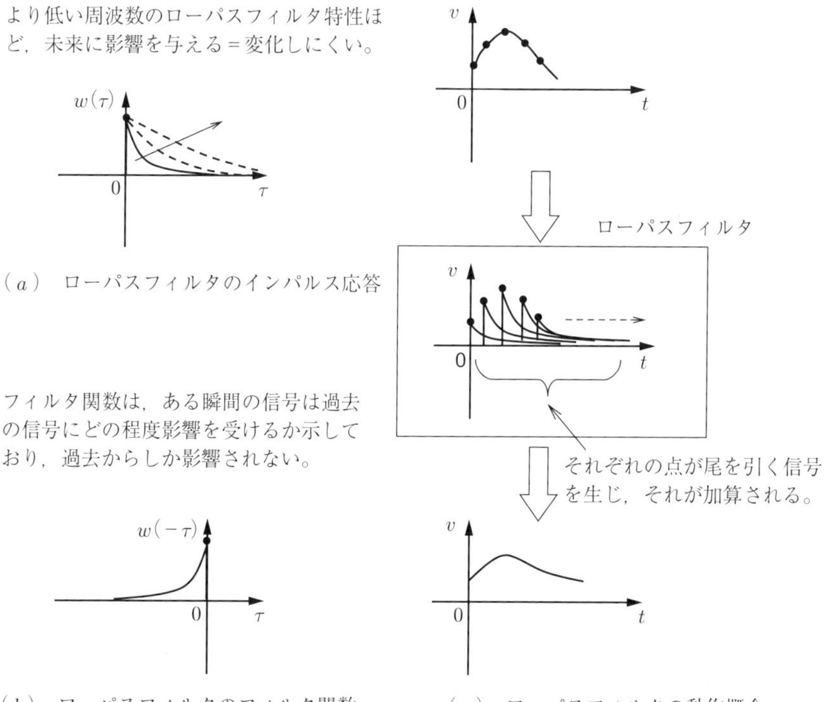

（a）　ローパスフィルタのインパルス応答

（b）　ローパスフィルタのフィルタ関数

（c）　ローパスフィルタの動作概念

図 **10.7**　ローパスフィルタの概念図

$$v(t) = \int_{-\infty}^{\infty} u(\tau) w(t-\tau) d\tau \tag{10.46}$$

このことは，フィルタ関数の時間軸 t を $-\tau$ に置き換えたのに等しく，フィルタ関数は図（b）のインパルス応答の時間軸を逆向きにした形になる。つまり，ある瞬間の信号は過去の信号にどのくらい影響されるかを表すことになる。このフィルタ関数をもつ実際のローパスフィルタは，因果律（過去のみ現在に影響し，未来は現在に影響しない）を満足する。

10.2.2　移動平均法

移動平均法は，ローパス特性を簡単な演算により効果的に実現する手法である。その変形には微分特性をもたせることもでき，利用範囲は大きい。

まず，ローパスフィルタ特性をディジタル的に実現する方法を考える。式(10.45)を離散化し，計測される全データの個数を N とする。実際のフィルタでは，$-\infty\sim+\infty$ までの影響を演算するが，現実的ではない。そこで，$2m+1$ 個のデータを扱うこととし，$-m\sim+m$ の演算とする。いま，i 番目の入力信号 x_i に対するフィルタの出力 v_i は以下のように示される。

$$v_i = \frac{1}{W} \sum_{j=-m}^{m} w_j x_{i+j} \tag{10.47}$$

ただし

$$W = \sum_{i=-m}^{m} w_i \qquad (i = m+1,\, m+2, \cdots, N-m)$$

N 個のデータのうち，始めと終わりの m 個は上記の計算ができない点に注意が必要である。フィルタ関数 w_i の形を変形すると，フィルタの効果が変わることになる。

まず，上記のローパスフィルタの関数を考えてみる。図 **10.8**（a）のようにローパスフィルタ関数を離散化する。ここで，ディジタルデータとして記録されている信号を処理するので，因果律を考慮する必要はなく，現在を中心に両側に尾を引く形，つまり，過去と未来の影響を受ける形に拡張できる。これは，

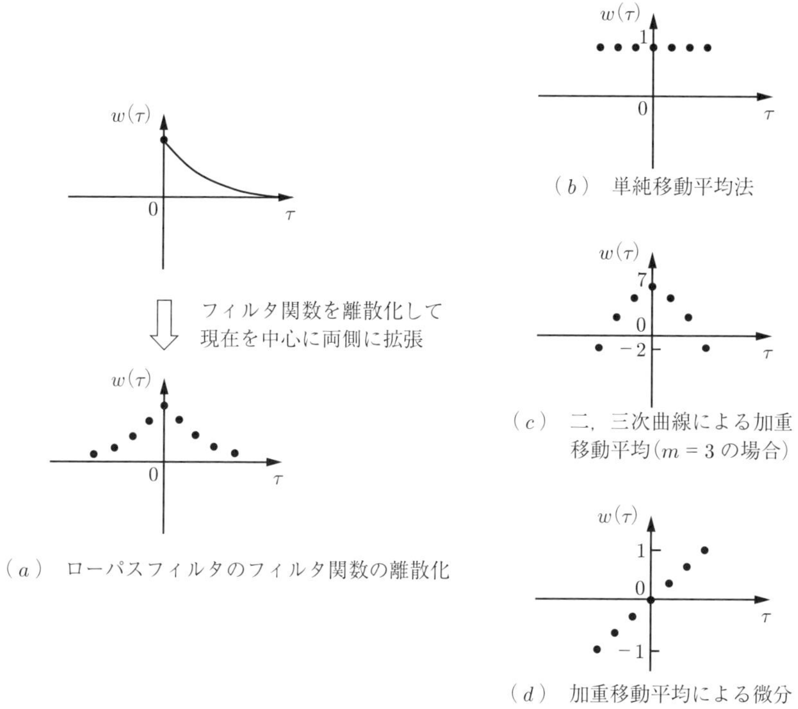

（a）　ローパスフィルタのフィルタ関数の離散化

（b）　単純移動平均法

（c）　二，三次曲線による加重移動平均（$m = 3$ の場合）

（d）　加重移動平均による微分

図 **10.8**　移動平均法

二度のローパスを実施したことに等しく，一度の演算でローパス特性を効率よく実現できる。このフィルタ関数の形を変形すると，フィルタの効果が変わることになる。

〔***1***〕　**単純移動平均**　　ローパス特性を強くするには，図 ***10.8***（b）のようにフィルタ関数のすべての係数を同一の値（通常は 1）にする。これを単純移動平均法と呼び，$2m+1$ 個のデータに対して，次式のように演算できる。

$$v_i = \frac{1}{2m+1}\sum_{j=-m}^{m} x_{i+j} \qquad (10.48)$$

〔***2***〕　***n* 次曲線による加重移動平均**　　信号とノイズの周波数帯が比較的近い場合，単純移動平均法を適用すると，信号自体も小さくなってしまう。そこで，信号の形を残しつつ雑音を除去する方法として，n 次曲線による**加重移動**

平均（weighted moving average）が用いられる。それには，通常，二次と三次に相当する**表 10.2** の係数が使用される。**図 10.8**（c）に $m = 3$ の場合の例を示す。

$$v_i = \frac{1}{2m+1}\sum_{j=-m}^{m} x_{i+j} \tag{10.49}$$

表 10.2　n 次曲線の加重移動平均の係数

$m = 2$	−3, 12, 17, 12, −3
$m = 3$	−2, 3, 6, 7, 6, 3, −2
$m = 4$	−21, 14, 39, 54, 59, 54, 39, 14, −21

〔**3**〕 **加重移動平均による微分**　　$m_j = j$ とすれば微分を実現できる。移動平均も同時に行っているため，雑音に強い。

10.2.3　積算平均化処理

計測したい信号が同じ状態で繰り返し観測できる場合，積算平均（同期加算とも呼ばれる）が有効である。これは，雑音の集合平均の特性を利用している。信号とノイズの周波数帯が重なっている場合に適用できる。完全なランダム雑音（ノイズ）を平均すると，正と負の成分がたがいに相殺し合い，積算の数を増やすにつれ振幅が小さくなる。それに対し，信号は毎回同じ状態で平均されるので，振幅は変わらない。いま，N 回の計測を行ったとする。このとき，離散化されたデータの i 番目のデータについて，j 回目の測定時の測定値を v_{ij} とし，そこに含まれる信号成分を s_{ij}，雑音成分を n_{ij} とすれば

$$v_{ij} = s_{ij} + n_{ij} \tag{10.50}$$

と表される。いま，i 番目の測定値の集合平均を求めると

$$\frac{1}{N}\sum_{j=1}^{N} s_{ij} = s_i \tag{10.51}$$

となり，信号成分の大きさは変わらない。これに対して，ランダム雑音成分は

分散の標準偏差（平方平均）で表すと

$$\frac{1}{N}\sqrt{\sum_{j=1}^{N} {n_{ij}}^2} = \frac{1}{N}\sqrt{N \cdot {n_i}^2} = \frac{n_i}{\sqrt{N}} \tag{10.52}$$

となる。ここで，n_i は雑音の平均振幅を表す。処理後の信号の SN 比は

$$\frac{S}{N} = \sqrt{N}\frac{s_i}{n_i} \tag{10.53}$$

となり，$\sqrt{N}$ 倍向上する。これはノイズが完全にパルス状で時間的にランダムであったときに実現できる最大値である点に注意が必要である。一般に帯域制限された信号はノイズも帯域制限されるため，パルスに広がりが生じ，SN 比は式 (10.53) の値より小さくなる。また，信号成分が時間的に変化する場合には，信号自体が変形してしまうため，注意が必要である。具体的には，計測対象ごとに同じ信号が受信できると見なせる時間範囲，あるいは回数を決める必要がある。

演　習　問　題

【1】 周期信号が，なぜ離散スペクトルになるか説明せよ。

【2】 単発信号が，なぜ連続スペクトルになるか説明せよ。

【3】 フーリエ変換に対して，離散フーリエ変換の問題点を述べ，それがなぜ生じるか説明せよ。

【4】 短時間フーリエ変換の区切りの問題点を述べよ。

【5】 ウェーブレット変換の利点を挙げよ。

【6】 単純移動平均法と積算平均化処理の違いについて述べよ。

引用・参考文献

1 章

1）金井　寛，斎藤正男，日高邦彦：電気磁気測定の基礎 第 3 版，昭晃堂 (2002)
2）山崎弘郎：電気電子計測の基礎—誤差から不確かさへ—，電気学会 (2005)
3）岩﨑　俊：電磁気計測，電子情報通信レクチャーシリーズ B-13，コロナ社 (2002)
4）標準化教育プログラム「個別技術分野編—電気電子分野」日本電気計器検定所資料
http://www.jsa.or.jp/wp-content/uploads/4_15.pdf（2016 年 1 月現在）
5）SI 基本単位の再定義
https://ja.wikipedia.org/wiki/SI 基本単位（2019 年 10 月現在）
6）国立研究開発法人 産業技術総合研究所 計量標準センター「新時代を迎える計量基本単位—国際単位系（SI）定義改定—」
https://unit.aist.go.jp/nmij/info/redefinition/（2019 年 10 月現在）
7）金子晋久：電流（A）についての基礎解説と最新動向，計測と制御，**53**，3 (2014)
https://unit.aist.go.jp/nmij/library/SICE/（2019 年 10 月現在）
8）桐生昭吾：電気の基本単位と標準，電気学会誌，**125**，8 (2005)
9）臼田　孝：新しい 1 キログラムの測り方—科学が進めば単位が変わる—，ブルーバックス B-2056，講談社 (2018)
10）安田正美：単位は進化する—究極の精度をめざして—，DOJIN 選書 078，化学同人 (2018)

2 章

1）稲荷隆彦：基礎センサ工学，コロナ社 (2001)
2）谷腰欣司：センサーのしくみ，電波新聞社 (2004)
3）佐藤勝昭：「太陽電池」のキホン，イチバンやさしい理工系シリーズ，ソフトバンククリエイティブ (2011)
4）太陽光発電協会ホームページ
http://www.jpea.gr.jp/knowledge/solarbattery/index.html（2016 年 1 月

現在）

3 章

1）金井　寛，斎藤正男，日高邦彦：電気磁気測定の基礎 第 3 版，昭晃堂 (2002)
2）廣瀬　明：電気電子計測，新・電気システム工学 5，数理工学社 (2003)
3）中本高道：電気・電子計測入門，実教出版 (2002)
4）信太克規：基礎電気電子計測，電気・電子工学ライブラリ，数理工学社 (2012)
5）岩﨑　俊：電磁気計測，電子情報通信レクチャーシリーズ B-13，コロナ社 (2002)
6）新妻弘明，中鉢憲賢：新版 電気・電子計測，電気・電子・情報工学基礎講座 5，朝倉書店 (2003)
7）菅野　允：改訂 電磁気計測，電子情報通信学会大学シリーズ B-2，コロナ社 (1991)
8）田所嘉昭：電気・電子計測，オーム社 (2008)

4 章

1）金井　寛，斎藤正男，日高邦彦：電気磁気測定の基礎 第 3 版，昭晃堂 (2002)
2）南谷晴之，山下久直：よくわかる電気電子計測，セメスタ学習シリーズ，オーム社 (1996)
3）都築泰雄：電子計測（改訂版），電子情報通信学会大学シリーズ B-3，コロナ社 (2000)
4）岩﨑　俊：電子計測，計測と制御シリーズ，森北出版 (2002)

5 章

1）川島純一，斎藤広吉：電気基礎〈上〉—直流回路・電気磁気・基本交流回路—，東京電機大学出版局 (1994)
2）大照　完，松村英明：新電磁気計測，大学講義シリーズ，コロナ社 (1988)
3）谷腰欣司：センサーのしくみ，電波新聞社 (2004)
4）財団法人国際超電導産業技術研究センター「超電導 Web21，2001 年 7 月号」 http://www.istec.or.jp/web21/past-j/01_07_all.pdf（2016 年 1 月現在）
5）アスタミューゼ株式会社「磁気検出装置」 http://astamuse.com/ja/published/JP/No/2005188946（2016 年 1 月現在）
6）田村俊世，山越憲一，村上　肇：医用機器 I，ヘルスプロフェッショナルのためのテクニカルサポートシリーズ 4，コロナ社 (2006)

7）プロトン磁力計のしくみ
https://staff.aist.go.jp/r-morijiri/memomemo/proton.html（2016 年 1 月現在）

8）MRI について
https://ja.wikipedia.org/wiki/%E6%A0%B8%E7%A3%81%E6%B0%97%E5%85%B1%E9%B3%B4%E7%94%BB%E5%83%8F%E6%B3%95
（2016 年 1 月現在）

9）傾斜磁界の説明
http://homepage2.nifty.com/kirislab/chap5_mri/profMansfield/hisLecture.html（2016 年 1 月現在）

6 章

1）大森俊一，横島一郎，中根　央：高周波・マイクロ波測定，コロナ社 (1992)

2）市川裕一：はじめての高周波測定—測定の手順をステップ・バイ・ステップで詳解！—，CQ 出版 (2010)

3）金井　寛，斎藤正男，日高邦彦：電気磁気測定の基礎 第 3 版，昭晃堂 (2002)

4）神谷六郎，辻　史郎：基礎伝送回路，コロナ社 (1985)

5）鈴木茂夫：EMC と基礎技術，工学図書 (1996)

6）木下敏雄：EMC の基礎と実践—電磁障害とノイズ対策，日刊工業新聞社 (1997)

7 章

1）南　茂夫 編著：科学計測のための波形データ処理—計測システムにおけるマイコン／パソコン活用技術，CQ 出版 (1986)

2）廣瀬　明：電気電子計測，新・電気システム工学 5，数理工学社 (2003)

3）新妻弘明，中鉢憲賢：新版 電気・電子計測，電気・電子・情報工学基礎講座 5，朝倉書店 (2003)

4）南　茂夫 監修，河田　聡 編著：科学計測のためのデータ処理入門—科学技術分野における計測の基礎技術—，I・F エッセンス・シリーズ，CQ 出版 (2002)

8 章

1）南　茂夫 編著：科学計測のための波形データ処理—計測システムにおけるマイコン／パソコン活用技術，CQ 出版 (1986)

2）廣瀬　明：電気電子計測，新・電気システム工学 5，数理工学社 (2003)

3）新妻弘明，中鉢憲賢：新版 電気・電子計測，電気・電子・情報工学基礎講

座 5，朝倉書店 (2003)
4) 南　茂夫 監修，河田　聡 編著：科学計測のためのデータ処理入門—科学技術分野における計測の基礎技術—，I・F エッセンス・シリーズ，CQ 出版 (2002)

9 章

1) 南　茂夫 編著：科学計測のための波形データ処理—計測システムにおけるマイコン／パソコン活用技術，CQ 出版 (1986)
2) 廣瀬　明：電気電子計測，新・電気システム工学 5，数理工学社 (2003)
3) 新妻弘明，中鉢憲賢：新版 電気・電子計測，電気・電子・情報工学基礎講座 5，朝倉書店 (2003)

10 章

1) 南　茂夫 編著：科学計測のための波形データ処理—計測システムにおけるマイコン／パソコン活用技術，CQ 出版 (1986)
2) 廣瀬　明：電気電子計測，新・電気システム工学 5，数理工学社 (2003)
3) 新妻弘明，中鉢憲賢：新版 電気・電子計測，電気・電子・情報工学基礎講座 5，朝倉書店 (2003)
4) 南　茂夫 監修，河田　聡 編著：科学計測のためのデータ処理入門—科学技術分野における計測の基礎技術—，I・F エッセンス・シリーズ，CQ 出版 (2002)
5) 中野宏毅，山本鎭男，吉田靖夫：ウェーブレットによる信号処理と画像処理，共立出版 (2008)
6) J.M. Combes, A. Grossmann, Ph. Tchamitchian (Eds.): Wavelets Time-Frequency Methods and Phase Space, Proceedings of the International Conference, Marselle, France, December 14-18, 1987, Springer-Verlag Berlin Heidelberg New York (1989)

演習問題解答

1章

【1】 ***1.7.4*** 項参照

【2】 ・誤差は真の値がわかる，あるいは推定できるという点から出発している。

・不確かさでは，特定できない偏りもばらつきと捉えている。

・不確かさでは，指定された区間にどの程度の確率で真の値が存在するか，信頼区間で表現している。

【3】 $\bar{x} = 0,\ \displaystyle\int_{-\infty}^{\infty} p(x)dx = 1$ より

$$p(x) = \left(\frac{1}{a} - \frac{|x|}{a^2}\right) \qquad (-a \leqq x \leqq a)$$

$$p(x) = 0 \qquad (x < -a,\ x > a)$$

$$\sigma^2 = \int_{-\infty}^{\infty} (x - \bar{x})^2 p(x)dx = \frac{a^2}{6}$$

$$\therefore\ \sigma = \frac{a}{\sqrt{6}}$$

したがって標準不確かさ $u_B = a/\sqrt{6}$ となる。

2章

【1】 ***2.2.1*** 項，***2.2.2*** 項参照

【2】 $R = R_0 \times e^{3\,380\,(1/(50+273)-1/(25+273))}$ より

$$R = 10 \times 10^3 \times e^{(-0.8779)}$$

$$= 10 \times 10^3 \times 0.415\,6$$

$$= 4.16 \times 10^3 = 4.16\,\mathrm{k\Omega}$$

【3】 白金の温度係数は $+0.392\,\Omega$/℃ で 0℃ のときに $100\,\Omega$ なので，50℃ のときの抵抗値 R は

$$R = 100 + 0.392 \times 50 = 119.6\,\Omega$$

1℃ 程度の精度であればこの計算式で十分である。精度よく出したい場合には以下の式を使用する（0〜650℃ の範囲）。

$$R = 100(1 + 3.92 \times 10^{-3} \times T - 5.80 \times 10^{-7} \times T^2)$$

【4】 高度計をつくるには，高さにより大気圧が変化することを利用すればよいため，大気圧が測定できるセンサが必要である。絶対圧，ゲージ圧，相対圧のセンサのうち，大気圧が測定できるのは絶対圧のセンサのみである。

ゲージ圧は大気圧からの差圧なので，大気圧自体を測定することはできない。相対圧の場合は，片方のポートを真空にすれば大気の絶対圧を測定することができるが，一般的ではない。

【5】 坂道の傾斜を測定するには，重力加速度が測定できる加速度センサを用いる。本文で説明したように，加速度センサには，ばねに吊るされたおもりがあると考えればよい。**解図 *2.1*** のようにばねに吊るされたおもりを斜面に置くと，ばねの自然長からの伸び ΔL は，傾斜の角度を θ，ばね定数を k とすると

$$\Delta L = \frac{m \times g \times \sin\theta}{k}$$

で表せられる。これは，ばねの伸びが傾斜 θ により変化することを示している。加速度センサはばねの伸びを電気的な変化に変換する必要があるので，重力加速度のような定常的な加速度を計測できるセンサが必要となる。このため，抵抗形か，容量形のいずれかになる。

さらに精度よく測定したい場合，坂道の温度などを考慮すると，温度変化に強いセンサのほうが有利である。これより，抵抗形より容量形のセンサのほうが最適であると考えられる。

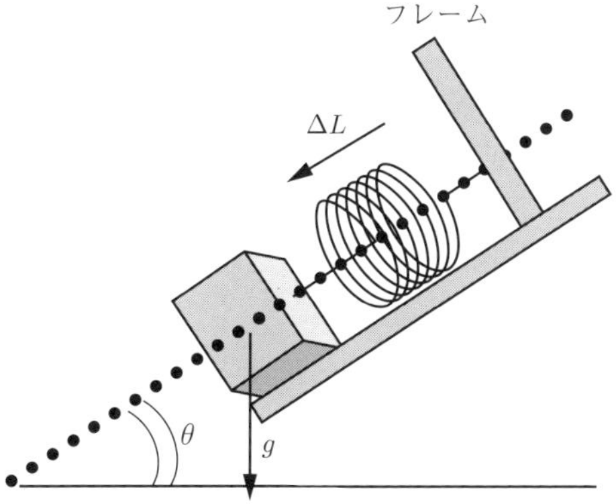

$$m \times g \times \sin\theta = k \times \Delta L$$
$$\Delta L = m \times g \times \sin\theta / k$$

解図 ***2.1***

3章

【1】 ***3.1.1*** 項参照

【2】 $\pm 50\,\mu\mathrm{A}$

【3】 (1)　$90\,\Omega$

(2)　$R = 10\,\Omega$，$k = 0.25$

【4】 表 ***3.3*** の算出式より振幅 1 V の正弦波の実効値は $1/\sqrt{2}\,\mathrm{V}$，方形波の実効値は 1 V である。方形波の実効値は正弦波の $\sqrt{2}$ 倍であることから指示計器にて正弦波が 1 V で指示される場合，方形波の指示値は $\sqrt{2}\,\mathrm{V} \fallingdotseq 1.41\,\mathrm{V}$ となる。

4章

【1】 ***4.1.1*** 項参照。$\varepsilon_b > \varepsilon_a$ となる条件は $R_X^2 - r_a R_X - r_v r_a > 0$ である。この不等式を解くと，比較的大きい抵抗を測定する場合は，図 ***4.1***（b）の回路の使用が望ましいことがわかる。

【2】 ***4.1.2*** 項参照。図 ***4.6***（a），（b）の等価定電圧源回路で示せば，鳳テブナンの定理を用いて

$$E_{bd} = \frac{R_1R_3 - R_2R_4}{(R_2 + R_3)(R_1 + R_4)}E, \quad R_{bd} = \frac{R_2R_3}{(R_2 + R_3)} + \frac{R_1R_4}{(R_1 + R_4)},$$

$$E_{ac} = \frac{R_1R_3 - R_2R_4}{(R_1 + R_2)(R_3 + R_4)}E, \quad R_{ac} = \frac{R_1R_2}{(R_1 + R_2)} + \frac{R_3R_4}{(R_3 + R_4)}$$

となり，I_{ga} および I_{gb} は式 (*4.6*) および式 (*4.7*) のように求められる。

【3】 ***4.1.3*** 項参照。リード線の抵抗や接触抵抗の影響を受けない測定をしなければならない。電圧電極対と電流電極対の分離が不可欠である。

【4】 ***4.2.1*** 項参照。比形ブリッジで，例えば $\dot{Z}_1 = R_1$，$\dot{Z}_2 = R_2$ として誘導性負荷を測定する場合，平衡条件 $\dot{Z}_1\dot{Z}_3 = \dot{Z}_2\dot{Z}_4$（左右辺の実数部，虚数部どうしが等しくなる）を満足させるには，可変インピーダンス辺を誘導性インピーダンスとする必要がある。

【5】 「位相差検出」，「位相検波」などをキーワードに調べること。

5章

【1】 文献やセンサの種類により多少の違いはあるが，おおよそ以下のようになる。

ホール素子：10^{-5}～数 T

プロトン磁束計：10^{-10}～10^{-5} T

SQUID 磁束計：10^{-14}～10^{-9} T

【2】 解図 ***5.1*** のような半径 R，巻数 N の環状コイルにおいて，中心から R のコイ

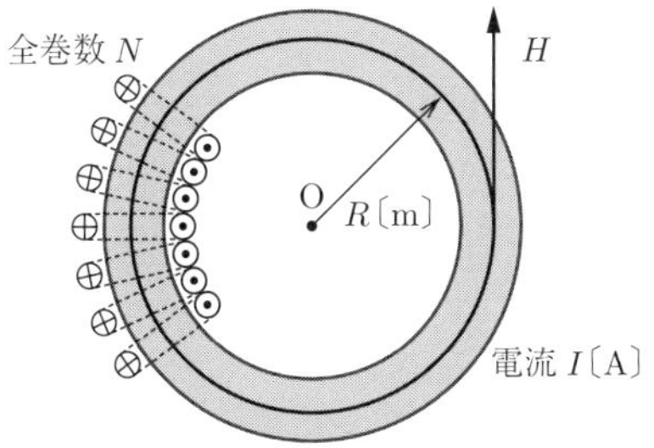

解図 5.1　環状コイル内の磁界の強さ

ル内の磁界はほぼ一定になる。このとき半径 R〔m〕の円を積分路として，アンペアの周回積分の法則を適用すると，周回路磁界の強さの積分は以下のようになる。

$$\oint_C H dl = H \int_0^{2\pi R} dl = H \big[l \big]_0^{2\pi R} = H(2\pi R - 0) = H\,2\pi R$$

また, 半径 R 内の電流の総和は巻数 N なので NI となる。よって $H\,2\pi R = NI$ より

$$H = \frac{NI}{2\pi R} \text{〔A/m〕}$$

となる。

ここで式 (5.3) では電流値を時間の関数 $i(t)$ とし，$2\pi R = l$ としている。

【3】 通常のモータは軸にコイルがあり，ケースに永久磁石が配置されているため，軸の回転とコイルに接続されているブラシにより電流の方向を制御して回転を継続させている。

一方，ブラシレスモータは，回転軸に永久磁石が，ケースにコイルが配置されている。このコイルに回転方向と同一の方向に磁界を加える制御を行うことで回転を継続させている。この際，回転軸の磁石の位置を検出し，タイミングよくケースのコイルに電流を流す制御が必要である。ホール素子は回転軸の永久磁石がどの位置にあるかを検出する用途に使用されている。

【4】 ホール素子は出力が数～数十 mV と小さいため，オペアンプなどで増幅する必要がある。また，駆動電流端子と出力端子の電位差が異なるため，差動増幅回路を用いる必要がある。回路図を**解図 5.2** に示す。

【5】 ***5.3.2*** 項参照

【6】 出力が電圧で出てくる場合，外界の電気ノイズや回路の増幅誤差などにより，測定する物理量と電圧値の間に誤差が生じる可能性が高い。しかし，物理量が

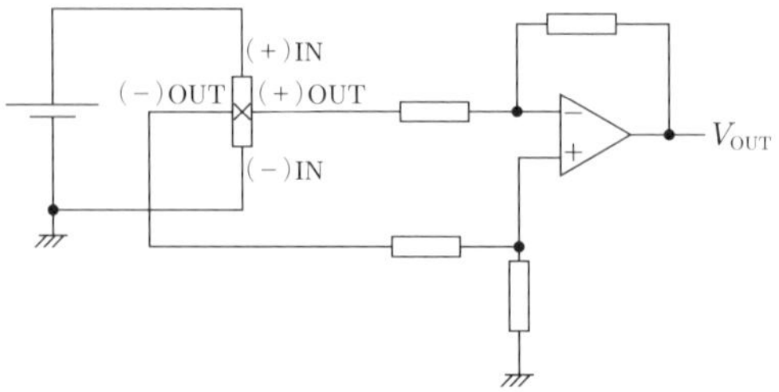

解図 **5.2**　ホール素子の増幅回路

直接周波数に変換される場合，外界のノイズや増幅の際の誤差が生じたとしても，周波数自体が変化することはない。このため，周波数を正確に測定することができれば，高精度な測定が可能となる利点がある。

6 章

【1】 反射係数：0.2，VSWR：1.5

【2】 1.6 GHz

【3】 ***6.6*** 節参照

7 章

【1】 熱雑音は電子や分子の熱によるランダムな運動によって生じ，抵抗や導体に代表される受動素子すべてで発生する。ショット雑音は，電流が荷電粒子の移動によって生じるため，おもに半導体デバイスや真空管などで発生する。

【2】 孤立波の場合，SN 比をかせぐ観点から，あらかじめ観測される信号の時間的な位置を想定し，オシロスコープの画面をその位置に合わせ，時間軸を拡大して観測するのが望ましい。

【3】 初段の増幅器にできるだけ雑音が少なく利得の高い増幅器を用いる。

【4】 測定できる最小レベルを雑音レベルが超える場合には，測定できる最小レベルが雑音により決まることになり，SN 比によりダイナミックレンジが制限されることになる。

8 章

【1】 ***8.1.3*** 項参照

【2】 センサからの電力を最大限活用するためには，接続するケーブルのインピーダンス，センサの出力インピーダンス，測定器の入力インピーダンスのそれぞれ

が等しく，整合がとれている必要がある。

【３】 ***8.2.3*** 項参照

【４】 ***8.3.2*** 項，***8.3.3*** 項参照

【５】 ***8.3.4*** 項参照

9 章

【１】 時間軸はサンプリング理論に準じ，サンプリング間隔を決める必要がある。また，振幅軸は量子化理論に準じ，必要とするダイナミックレンジを満足するように量子化ビットを決める必要がある。いま，ダイナミックレンジが 90 dB 必要とすれば，1 bit で約 6 dB のダイナミックレンジがとれるため，15 bit 以上の量子化ビットを用いればよい。また，最大周波数が 20 kHz とすれば，40 kHz を超える周波数でサンプリングを行えばよい。実際，CD では，44.1 kHz，16 bit でサンプリングの量子化を行っている。

【２】 どのくらいの時間間隔で計測するかにより，A-D 変換器に求められる変換時間が決まり，どのくらいの温度分解能が必要かで A-D 変換器に求められる変換ビット数が決まることになる。また，計測する位置と数，計測したデータをどこでコンピュータに取り込むかによって，ディジタル化された気温データをパソコンへ転送するのに適した方式が決まる。

10 章

【１】 周期信号の信号成分は，必ず周期 T ごとに同じ形にならなくては周期信号全体の形を保つことができない。このため，周期 T の整数倍の正弦波成分のみしか，信号成分になり得ない。したがって，周波数間隔は周期 T の逆数となり，離散スペクトルになる。

【２】 単発信号の場合，周期信号の周期 T を無限大に伸ばしたと考える。つまり，周波数間隔は周期 T の逆数なので $1/\infty = 0$ となり連続スペクトルとなる。

【３】 ***10.1.5*** 項参照

【４】 時間信号を部分的に区切って周波数成分を求めたとすると，区切りが重なりながら時間的にずらした場合，得られた周波数成分の情報は冗長になる。また，解析される周波数成分によらず区切り幅が一定のため，低い周波数ほど，周波数分解能が低くなる。周波数分解能を上げるため区切り幅を大きくすると，時間分解能が低くなる。

【５】 例えば，ウェーブレットを時間的に相似形にして周波数に相当する成分を解析するので，周波数に対する区切り幅が自動的に変化し，その周波数成分に最適

な区切り幅になるので，周波数分解能と時間分解能をつねに最適にできる。

【6】 単純移動平均法はローパスフィルタに近い処理であり，単一の信号に対しての処理が可能である。求めたい信号の周波数が比較的高い場合，その信号の形も変形してしまう恐れがある。それに対して，積算平均化処理は同じ信号が繰り返し観測できる場合にのみ適用でき，同じ信号が観測できる場合は，求めたい信号の形は変形しない。なお，繰り返し観測される信号に含まれる求めたい信号の形が時間的に変化してしまう場合は，信号の形も変形してしまうので注意が必要である。

索　　引

―― 編著者・著者略歴 ――

吉澤　昌純（よしざわ　まさすみ）
1984年　東京都立大学工学部電気工学科卒業
1986年　東京都立大学大学院工学研究科修士課程修了（電気工学専攻）
1991年　東京都立大学非常勤講師
1992年　東京都立工業高等専門学校助教授
1995年　博士（工学）（東京都立大学）
2006年　東京都立産業技術高等専門学校教授
2022年　東京都公立大学法人理事
東京都立産業技術高等専門学校校長
現在に至る

降矢　典雄（ふるや　のりお）
1975年　上智大学理工学部電気電子工学科卒業
1977年　上智大学大学院理工学研究科博士前期課程修了（電気電子工学専攻）
1979年　上智大学大学院理工学研究科博士後期課程中退（電気電子工学専攻）
1979年　獨協医科大学臨床共同研究室研究員
1990年　東京都立航空工業高等専門学校助教授
1998年　博士（医学）（獨協医科大学）
2001年　東京都立航空工業高等専門学校教授
2006年　東京都立産業技術高等専門学校教授
2018年　東京都立産業技術高等専門学校名誉教授

福田　恵子（ふくだ　けいこ）
1986年　上智大学理工学部電気電子工学科卒業
1988年　上智大学大学院理工学研究科博士前期課程修了（電気電子工学専攻）
1988年　株式会社日立製作所勤務
1998年　博士（工学）（上智大学）
2003年　株式会社ルネサステクノロジー勤務
2004年　東京都立航空工業高等専門学校助教授
2006年　東京都立産業技術高等専門学校助教授
2007年　東京都立産業技術高等専門学校准教授
2013年　東京都立産業技術高等専門学校教授
現在に至る

吉村　拓巳（よしむら　たくみ）
1993年　山口大学工学部電気工学科卒業
1995年　山口大学大学院工学研究科博士前期課程修了（電気電子工学専攻）
1995年　日本光電工業株式会社勤務
1999年　国立療養所中部病院長寿医療研究センター研究員
2002年　奈良先端科学技術大学院大学情報科学研究科博士後期課程修了（情報処理学専攻）
博士（工学）
2002年　東京都立工業高等専門学校講師
2005年　東京都立工業高等専門学校助教授
2006年　東京都立産業技術高等専門学校助教授
2007年　東京都立産業技術高等専門学校准教授
2017年　東京都立産業技術高等専門学校教授
現在に至る

髙﨑　和之（たかさき　かずゆき）
2005年　電気通信大学電気通信学部電子工学科卒業
2009年　電気通信大学大学院電気通信学研究科博士前期課程修了（電子工学専攻）
2011年　東京都立産業技術高等専門学校助教
2014年　博士（工学）（電気通信大学）
2015年　東京都立産業技術高等専門学校准教授
現在に至る

西山　明彦（にしやま　はるひこ）
1966年　東京工業大学理工学部電気工学科卒業
1968年　東京工業大学大学院理工学研究科修士課程修了（電気工学専攻）
1971年　東京工業大学大学院理工学研究科博士課程修了（電気工学専攻）
工学博士
1971年　東京都立工業高等専門学校助教授
1985年　東京都立工業高等専門学校教授
2005年　東京都立工業高等専門学校名誉教授
2005年　特許庁研修講師（～2012 年），東京都品川区ビジネスカタリスト
2013年　モンゴル工業技術大学客員教授
2014年　モンゴル高専教育センター NGO 理事
現在に至る
2015年　モンゴル工業技術大学名誉教授

電気・電子計測工学（改訂版）——新 **SI** 対応——

Practical Electrical and Electronic Measurement (Revised Edition)

2016 年 7 月 8 日　初版第 1 刷発行
2020 年 3 月 23 日　初版第 2 刷発行（改訂版）
2023 年 4 月 15 日　初版第 4 刷発行（改訂版）

検印省略

編 著 者	吉　澤　昌　純	
著　　者	降　矢　典　雄	
	福　田　恵　子	
	吉　村　拓　巳	
	髙　嵪　和　之	
	西　山　明　彦	
発 行 者	株式会社　コ ロ ナ 社	
	代 表 者　牛 来 真 也	
印 刷 所	三 美 印 刷 株 式 会 社	
製 本 所	有限会社　愛 千 製 本 所	

112–0011　東京都文京区千石 4–46–10
発 行 所　株式会社　**コ ロ ナ 社**
CORONA PUBLISHING CO., LTD.
Tokyo Japan
振替 00140–8–14844・電話(03)3941–3131(代)
ホームページ　https://www.coronasha.co.jp

ISBN 978–4–339–01215–6　C3354　Printed in Japan　（三上）

電子情報通信レクチャーシリーズ

■電子情報通信学会編　（各巻B5判，欠番は品切または未発行です）

白ヌキ数字は配本順を表します。

配本	巻	書名	著者	頁	本体
30	A-1	電子情報通信と産業	西村吉雄著	272	4700円
14	A-2	電子情報通信技術史 —おもに日本を中心としたマイルストーン—	「技術と歴史」研究会編	276	4700円
26	A-3	情報社会・セキュリティ・倫理	辻井重男著	172	3000円
6	A-5	情報リテラシーとプレゼンテーション	青木由直著	216	3400円
29	A-6	コンピュータの基礎	村岡洋一著	160	2800円
19	A-7	情報通信ネットワーク	水澤純一著	192	3000円
38	A-9	電子物性とデバイス	益・天川共著	244	4200円
33	B-5	論理回路	安浦寛人著	140	2400円
9	B-6	オートマトン・言語と計算理論	岩間一雄著	186	3000円
40	B-7	コンピュータプログラミング —Pythonでアルゴリズムを実装しながら問題解決を行う—	富樫敦著	208	3300円
35	B-8	データ構造とアルゴリズム	岩沼宏治他著	208	3300円
36	B-9	ネットワーク工学	田村・中野・仙石共著	156	2700円
1	B-10	電磁気学	後藤尚久著	186	2900円
20	B-11	基礎電子物性工学 —量子力学の基本と応用—	阿部正紀著	154	2700円
4	B-12	波動解析基礎	小柴正則著	162	2600円
2	B-13	電磁気計測	岩﨑俊著	182	2900円
13	C-1	情報・符号・暗号の理論	今井秀樹著	220	3500円
25	C-3	電子回路	関根慶太郎著	190	3300円
21	C-4	数理計画法	山下・福島共著	192	3000円
17	C-6	インターネット工学	後藤・外山共著	162	2800円
3	C-7	画像・メディア工学	吹抜敬彦著	182	2900円
32	C-8	音声・言語処理	広瀬啓吉著	140	2400円
11	C-9	コンピュータアーキテクチャ	坂井修一著	158	2700円
31	C-13	集積回路設計	浅田邦博著	208	3600円
27	C-14	電子デバイス	和保孝夫著	198	3200円
8	C-15	光・電磁波工学	鹿子嶋憲一著	200	3300円
28	C-16	電子物性工学	奥村次徳著	160	2800円
22	D-3	非線形理論	香田徹著	208	3600円
23	D-5	モバイルコミュニケーション	中川・大槻共著	176	3000円
12	D-8	現代暗号の基礎数理	黒澤・尾形共著	198	3100円
18	D-11	結像光学の基礎	本田捷夫著	174	3000円
5	D-14	並列分散処理	谷口秀夫著	148	2300円
37	D-15	電波システム工学	唐沢・藤井共著	228	3900円
39	D-16	電磁環境工学	徳田正満著	206	3600円
16	D-17	VLSI工学 —基礎・設計編—	岩田穆著	182	3100円
10	D-18	超高速エレクトロニクス	中村・三島共著	158	2600円
24	D-23	バイオ情報学 —パーソナルゲノム解析から生体シミュレーションまで—	小長谷明彦著	172	3000円
7	D-24	脳工学	武田常広著	240	3800円
34	D-25	福祉工学の基礎	伊福部達著	236	4100円
15	D-27	VLSI工学 —製造プロセス編—	角南英夫著	204	3300円

定価は本体価格+税です。

定価は変更されることがありますのでご了承下さい。

図書目録進呈◆